策划·视觉

酿造术
中国古代重大科技创新
ZHONGGUO GUDAI ZHONGDA KEJI CHUANGXIN

酿造技艺是优秀社会文化和民族文化的集大成者，
更是古人智慧与文化神韵的核心所在。

“十三五”国家重点出版物出版规划项目

酿造术

朱珠 施威 著

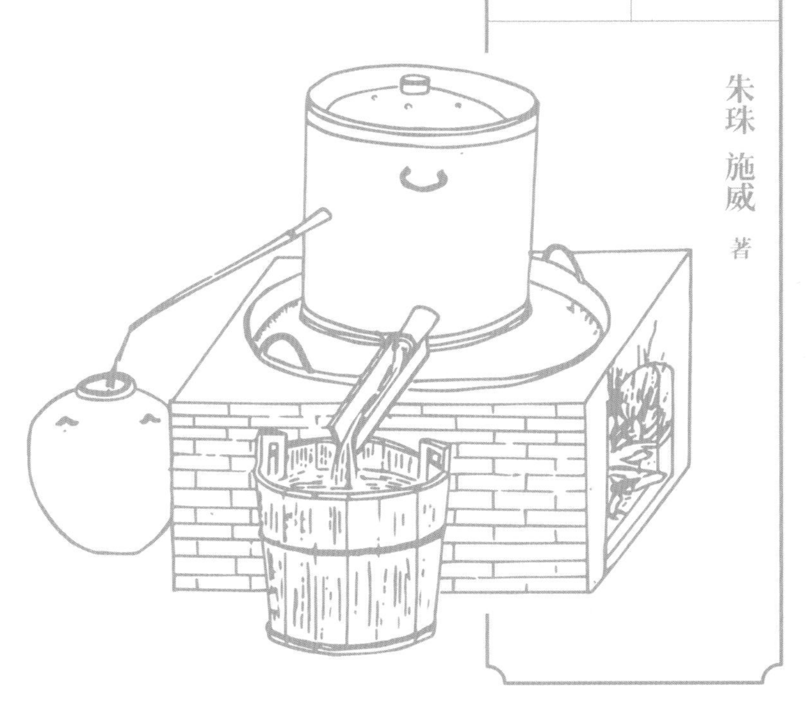

湖南科学技术出版社

图书在版编目（CIP）数据

酿造术 / 朱珠，施威著. — 长沙 : 湖南科学技术出版社，2020.11
（中国古代重大科技创新 / 孙显斌，陈朴主编）
ISBN 978-7-5710-0527-6

Ⅰ. ①酿… Ⅱ. ①朱… ②施… Ⅲ. ①酿造—技术史—中国—古代
Ⅳ. ①TS26-092

中国版本图书馆CIP数据核字（2020）第047313号

中国古代重大科技创新
NIANGZAOSHU
酿造术

著　　者：朱　珠　施　威

责任编辑：李文瑶　林澧波

出版发行：湖南科学技术出版社

社　　址：长沙市湘雅路276号

http://www.hnstp.com

印　　刷：雅昌文化（集团）有限公司

（印装质量问题请直接与本厂联系）

厂　　址：深圳市南山区深云路19号

邮　　编：518053

版　　次：2020年11月第1版

印　　次：2020年11月第1次印刷

开　　本：787mm×1092mm　1/16

印　　张：9

字　　数：75千字

书　　号：ISBN 978-7-5710-0527-6

定　　价：48.00元

总序

FOREWORD

中国有着五千年悠久的历史文化，中华民族在世界科技创新的历史上曾经有过辉煌的成就。习近平主席在给第 22 届国际历史科学大会的贺信中称：“历史研究是一切社会科学的基础，承担着‘究天人之际，通古今之变’的使命。世界的今天是从世界的昨天发展而来的。今天世界遇到的很多事情可以在历史上找到影子，历史上发生的很多事情也可以作为今天的镜鉴。”文化是一个民族和国家赖以生存和发展的基础。党的十九大报告提出“文化是一个国家、一个民族的灵魂。文化兴国运兴，文化强民族强”。历史和现实都证明，中华民族有着强大的创造力和适应性。而在当下，只有推动传统文化的创造性转化和创新性发展，才能使传统文化得到更好的传承和发展，使中华文化走向新的辉煌。

创新驱动发展的关键是科技创新，科技创新既要占据世界科技前沿，又要服务国家社会，推动人类文明的发展。中国的“四大发明”因其对世界历史进程产生过重要影响而备受世人关注。

但“四大发明”这一源自西方学者的提法，虽有经典意义，却有其特定的背景，远不足以展现中华文明的技术文明的全貌与特色。那么中国古代到底有哪些重要科技发明创造呢？在科技创新受到全社会重视的今天，也成为公众关注的问题。

科技史学科为公众理解科学、技术、经济、社会与文化的发展提供了独特的视角。近几十年来，中国科技史的研究也有了长足的进步。2013 年 8 月，中国科学院自然科学史研究所成立“中国古代重要科技发明创造”研究组，邀请所内外专家梳理科技史和考古学等学科的研究成果，系统考察我国的古代科技发明创造。研究组基于突出原创性、反映古代科技发展的先进水平和对世界文明有重要影响三项原则，经过持续的集体调研，推选出“中国古代重要科技发明创造 88 项”，大致分为科学发现与创造、技术发明、工程成就三类。本套丛书即以此项研究成果为基础，具有很强的系统性和权威性。

了解中国古代有哪些重要科技发明创造，让公众知晓其背后的文化和科技内涵，是我们树立文化自信的重要方面。优秀的传统文化能“增强做中国人的骨气和底气”，是我们深厚的文化软实力，是我们文化发展的母体，积淀着中华民族最深沉的精神追求，能为“两个一百年”奋斗目标和中华民族伟大复兴奠定坚实的文化根基。以此为指导编写的本套丛书，通过阐释科技文物、图像中的科技文化内涵，利用生动的案例故事讲解科技创新，展现出先人创造和综合利用科学技术的非凡能力，力图揭示科学技术的历史、本质和发展规律，认知科学技术与社会、政治、经济、文化等的复杂关系。

另一方面，我们认为科学传播不应该只传播科学知识，还应该传播科学思想和科学文化，弘扬科学精神。当今创新驱动发展的浪潮，也给科学传播提出了新的挑战：如何让公众深层次地理解科学技术？科技创新的故事不能仅局限在对真理的不懈追求，还应有历史、有温度，更要蕴含审美价值，有情感的升华和感染，生动有趣，娓娓道来。让中国古代科技创新的故事走向读者，让大众理解科技创新，这就是本套丛书的编写初衷。

全套书分为“丰衣足食·中国耕织”“天工开物·中国制造”“构筑华夏·中国营造”“格物致知·中国知识”“悬壶济世·中国医药”五大板块，系统展示我国在天文、数学、农业、医学、冶铸、水利、建筑、交通等方面的成就和科技史研究的新成果。

中国古代科技有着辉煌的成就，但在近代却落后了。西方在近代科学诞生后，重大科学发现、技术发明不断涌现，而中国的科技水平不仅远不及欧美科技发达国家，与邻近的日本相比也有相当大的差距，这是需要正视的事实。“重视历史、研究历史、借鉴历史，可以给人类带来很多了解昨天、把握今天、开创明天的智慧。所以说，历史是人类最好的老师。”我们一方面要认识中国的科技文化传统，增强文化认同感和自信心；另一方面也要接受世界文明的优秀成果，更新或转化我们的文化，使现代科技在中国扎根并得到发展。从历史的长时段发展趋势看，中国科学技术的发展已进入加速发展期，当今科技的发展态势令人振奋。希望本套丛书的出版，能够传播科技知识、弘扬科学精神、助力科学文化建设与科技创新，为深入实施创新驱动发展战略、建设创新型国家、增强国家软实力，为中华民族的伟大复兴牢筑全民科学素养之基尽微薄之力。

冯立昇

2018 年 11 月于清华园

前言

PREFACE

“民以食为天”。在非物质文化遗产名录分类中，中国饮食类非遗风格独特、自成一派，以其强大魅力推动了世界饮食结构和饮食文化的发展。在传统饮食技艺中，酒、醋、酱等酿造技艺历经两千多年的生产实践与发展完善，具有鲜明的传承性、普适性和活态性，体现在社会生活、文学艺术乃至人生态度、审美情趣等诸多方面。可见，酿造技艺是优秀社会文化和民族文化的集大成者，更是古人智慧与文化神韵的核心所在。

随着全球化、工业化和城镇化的日益深化，在市场利益和消费需求的双重影响下，传统酿造技艺日益失去生存的“土壤”，工业化和产业化生产遮蔽了传统文化、本土体验和味觉记忆，特别是青年群体逐渐疏远了祖先留下的这份遗产。因此，充分认识和挖掘传统酿造技艺的历史、社会和文化价值，唤醒人们心中的情感记忆，以科学严谨而不失活泼的方式诠释中华饮食

① 李约瑟：中国科学技术史．第五卷．化学及相关技术．第一分册．纸和印刷．北京：科学出版社，1990，第1页

文化，将为我国传统酿造产业振兴提供新的动力。近年来，日本、韩国等邻国陆续出现了对传统饮食文化的研究热潮并将代表性食品推向全球，取得了广泛的文化认同和巨大的经济效益。

非遗传承就是一种文化符号和民族情感的传递，关注和保护传统酿造技艺就是传承一种基因和文化。挖掘并发扬中国酿造文化，不断创新改造，提升酿造技术，在新时代背景下使传统技艺焕发新的生命力，彰显“舌尖上的文化”，对于维系我国文化命脉和民族特质有着不可替代的重要作用。

进入21世纪，国家从战略层面展开了一项意义重大的工作，即非物质文化遗产保护。这是一项关乎人类共同利益和中华民族文脉传承的大事，学界积极响应，出版了一系列专著和论文，为世界留下了一份份真实而科学的记录。传统工艺最重要特征就是和人的日常生活结合在一起，可以说它代表了一种生活方式。为了让当代人（特别是青少年群体）更直观、更深入地了解传统工艺，我们系统梳理了古代传统酿造技术发展史，力图在自媒体碎片化时代带给读者一种温馨、时尚的科普体验。

目录

CONTENTS

酿酒的起源 · NIANGJIU DE QIYUAN

食醋的源流 · SHICU DE YUANLIU

酱的起源 · JIANG DE QIYUAN

第一章
CHAPTER 1
酿造工艺的起源

酿酒的起源

酿酒传说

关于酿酒技术的起源，在我国有许多传说。其中流传最广的当是仪狄造酒说与杜康酿酒说，但均无确证。而约在公元前二千八百年至前一千八百年的龙山文化时期，我国就有了自然发酵的果酒，因此又有猿猴造酒的说法。

（一）仪狄造酒说

据说夏禹时期，有一位主管后勤的官员叫仪狄，他奉帝女之命监造酿酒，并将自己酿造好的酒献呈给夏禹品尝，想趁机讨好这位圣明的君主。夏禹喝了仪狄酿造的酒后，觉得味道非常好，但令人意想不到的是，夏禹没有奖赏仪狄，反而疏远他，还下旨禁止再酿酒。原来，夏禹因酒过于美味，就预见了后世君主一定会饮酒误国，所以便想提前将这一祸患铲除。后人因此对夏禹倍加尊崇，推他为廉洁开明的君主，而仪狄被视为专事谄媚的小人。

文献 《战国策·魏策二》：“帝女令仪狄作酒而美，进之禹，禹饮而甘之，遂疏仪狄而绝酒旨。曰，后世必有以酒亡其国者。”

大禹

（二）杜康酿酒说

传说，杜康将没有吃完的剩饭放在桑园的树洞里，时间久了，剩饭竟在其中发酵，还有芳香的气味传出。杜康在园里闻到香味，找寻一番，发现了这股清香的源头便是树洞，而盛粮的洞口也不断往外渗水。杜康出于好奇，不禁接水品尝，顿觉神清气爽。于是便把这水带回去让大家品尝。就这样，酒在民间逐渐普及开来，杜康也被人们尊称为“酒神”。

还有个著名的民间传说叫“杜康醉刘伶”。刘伶是魏晋竹林七贤之一，据说他本是天界瑶池酿酒小童，因偷喝仙酒被王母贬下凡间。而凡间的刘伶依旧嗜酒成性，因而王母让当时已成为天界酒神的杜康下凡点化刘伶再度成仙。杜康在距离刘伶不远的洛阳地界开了一家酒馆，并在酒馆上挂了一副对联，横批是“不醉三年不要钱”。有一次刘伶闻酒香前来，看到门前的对联后，觉得这家酒馆的人太过狂妄，于是一怒之下要了杜康的三碗酒来喝。结果刘伶才喝完就醉倒了，三年后才醒过来。杜康酿酒的美名也因此广为传颂。民间多地设有杜康遗址，有些地方甚至还设立了杜康的牌位为人们供奉，酒神杜康在人们心中的地位可见一斑。

至于杜康其人，民间流传着不同的说法，有人说他是黄帝的大臣；有人说他是夏代的君主，又名“少康”；还有人说他只是汉代的平民，但不论他生于何年代，身份如何，从传说中我们可以明确酿酒是属于自然发酵的过程。在中国古代农业社会，谷物的贮藏容易受环境和天气的影响，而有些谷物一旦受潮就易发霉或者发芽，有人或许无意间将这些发霉发芽的谷物泡在水中，时间长了便逐渐发酵成了酒。于是关于酿酒起源于自然发酵这一说法也逐渐流传开来。

1-1-2

杜康造酒

说明 古人认为酒乃仪狄和杜康所造，故有“仪狄始作酒醪”“少康作林酒”之说。许慎《说文解字》言：“杜康作秫酒。”西晋江统《酒诰》载：“酒之所兴，乃自上皇，或云仪狄，一曰杜康，有饭不尽，委馀空桑，本出于此，不由奇方，历代悠远，经（缺）弥长，稽古五帝，上迈三王，虽曰贤圣，亦咸斯尝。”曹操《短歌行》有“何以解忧，唯有杜康”句，或可为佐证。

（一）源于自然发酵的酿酒技术

传说古时居住于深山野林的猿猴极为机敏，出没无常，这让试图活捉它们的猎人头疼不已。在与猿猴长期打交道的过程中，人们逐渐发现猿猴有“嗜酒”的弱点，只要在其经常出没的地方摆上几坛浓郁的美酒，它们就会闻香而至。而当猿猴们在酒坛周围来回踌躇，完全放松警惕后，经受不住美酒诱惑的它们就会开怀畅饮直到酩酊大醉，到那时这些“醉猴”就只能束手就擒。

猿猴“嗜酒”，与其“造酒”有密切关系。据记载，在我国很多地方都发现过猿猴“造”的“酒”。酒是发酵食品，它是由一种叫酵母菌的微生物分解糖类产生的。尤其在一些含糖分较高的水果中，这种酵母菌更易繁衍滋长。而含有一定糖分的野果是猿猴主要的食物，当果子成熟时，猿猴们会采摘大量野果贮藏在一些地面低洼处。经过一段时间后，这些堆积的野果就容易自然发酵，散发出阵阵诱人的香味，并析出一些类似酒的液体。猿猴就这样歪打正着地“造”出了“酒”来。

当然，猿猴造的“酒”与人类造的酒会有所不同，但不可否认的是，人类酿酒技术也深受自然发酵的启发，后世文献中有许多类似的记载。宋代周密的《癸辛杂识》中说：古时候，有一户人家种了一片山梨林，等到这些山梨成熟以后，因采摘的山梨过于美味，这户人家不舍得全吃掉，就将数百个山梨储存在大瓮中并盖好盖子，以泥封口。他们想通过这种方式延长山梨储藏的时间，留着以后慢慢地品尝。而这些山梨在被主人遗忘了半年以后，竟发酵成了酒。水果经过一定条件自然发酵成酒的现象，促使人们开始了对自然界物质进行自然发酵的模仿，酿酒技术也得以产生和不断发展。

1-1-3

猿猴造酒

说明 明人周旦光《蓬拢夜话》："黄山多猿猱，春夏采杂花果于石洼中，酝酿成酒，香气溢发，闻数百步。"

（二）源于农业的酿酒技术

谷物的自然发酵让酿酒技术前进了一大步。谷物发酵成酒有两种现象，一种现象是谷芽变成酒。另一种现象，是经过蒸煮的谷物在放置一定时间后发酵成酒。

据说，有一户人家窖藏的谷物，由于受潮变成了谷芽，为了避免浪费，这户人家便将这些谷芽切碎，放在水里煮熟并滤水食用，结果发现有一股甜味，味道比平常的谷物煮食要更好。基于这一发现，人们开始想办法通过控制水分和温度来培育出味道更佳的谷芽。而在这种对谷芽发酵的不断探索中，专门的谷芽酒也就逐渐登上了历史的舞台。

很早以前，人们就注意到一些吃剩的蒸煮谷物，在久置之后会产生一种霉菌散发出甜味，最后发酵为酒。有细心的人通过仔细观察，发现这种霉菌就是最后谷物发酵成酒的关键，而它也是今天制作酒曲必不可少的东西。

对这种霉菌的利用，是中国古代先民的一大发明创造。最终发酵而成的酒差不多就是我们所说的曲酒，它具有比谷芽酒更高的精度，因而在我国悠久的酒历史当中反而后来居上，更受到人们的欢迎。可以说，酿酒技术的起源，离不开我国古代农业尤其是种植业的不断发展。

此外，在自然界中凡是含有糖的物质，如水果、兽乳等，受到酵母菌的作用都可以生成乙醇。对此，宋代周密在《癸辛杂识》中有详细记载。

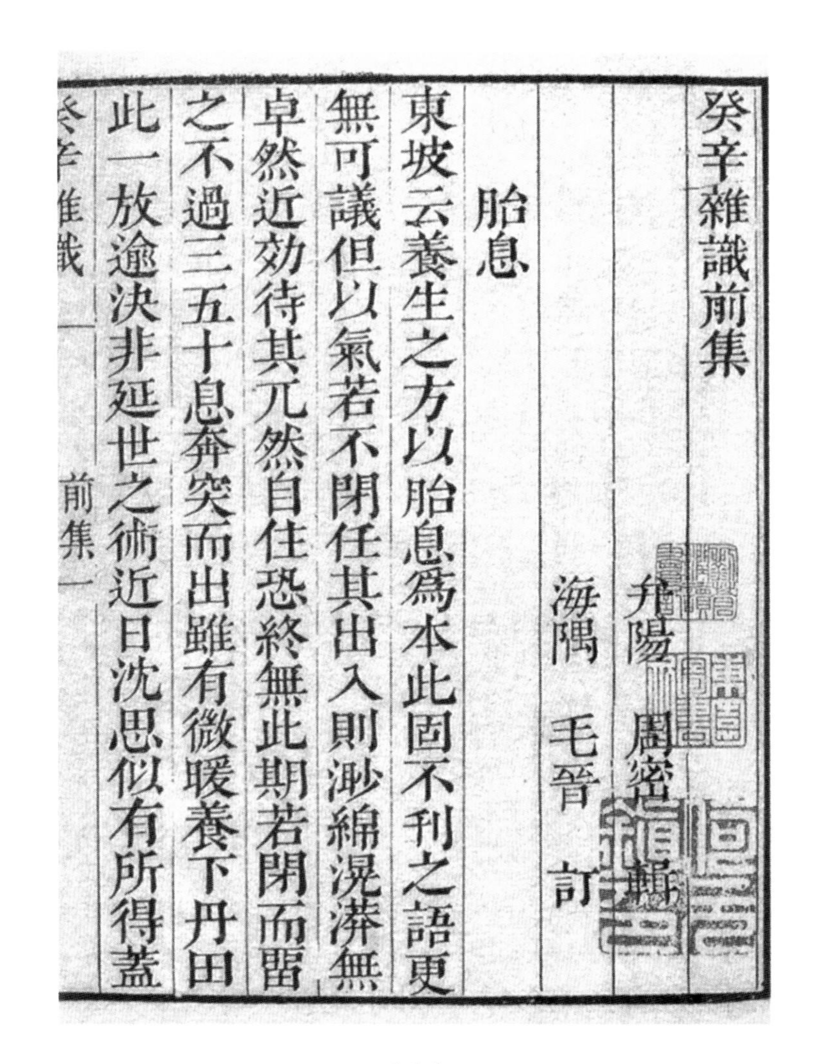

癸辛雜識前集

弁陽　周密　輯

海隅　毛晉　訂

胎息

東坡云養生之方以胎息爲本此固不刊之語更無可議但以氣若不閉任其出入則渺綿滉漭無卓然近効待其兀然自住恐終無此期若閉而留之不過三五十息奔突而出雖有微暖養下丹田此一放逾決非延世之術近日沈思似有所得蓋

癸辛雜識　前集一

1-1-4

《癸辛杂识》· 书影

（三）酿酒与生活

有人认为农业起源于酿酒，而吃饭其实也是从吃酒当中衍生出来的。据说，远古先民以肉食为主，不管是果浆还是谷物发酵成酒，与我们今天酿造的酒在浓度上还是有很大差别的，而发酵剩余的残渣，即酒糟，也会被人们当作食物一起吃掉。而且古代对谷物的食用加工方式比较有限，缺乏有效的谷物保存贮藏技术，所以将谷物发酵成酒，或许是个更简便的加工方式和延长谷物食用时长的方式。因而，如果说酒是古人的食物也是可以理解的。吃酒很有可能就相当于我们今天理解的吃饭，古人吃酒不仅能填饱肚子，还能强身健体，提神暖身。有文献曰："有饭不尽，委之空桑，郁结成味，久蓄气芳，本出于代，不由奇方。"

1-1-5

传统酿酒场景

就酿酒与祭祀的关系而言，在源远流长的鬼神祭祀和祖先祭祀仪式中，酒作为与人们生活密切相关的东西，自然少不了一席之地。酒不仅是祭祀当中关键的供品，也是祭祀结束后人们的饮品。而承载着对祭祀对象最诚挚心意的供酒，自然要味道好香味醇，出于这一目的，酿酒技术得以不断发展提高。

1-1-6

太白醉酒图·【清代】·苏六朋

【上海博物馆藏】

说明 乃清代苏六朋于道光二十四年所作，所绘为李白醉酒于宫殿之中情形，李白头戴学士巾，身着白色宽袖袍，脚踏朱履，腰扎红带，清须与巾页随势摇曳，朦胧虚醉的眼神中含高傲之气，颇具“酒仙”气度

1-1-7

韩熙载夜宴图 · 【五代】

说明 《韩熙载夜宴图》为南唐画家顾闳中所绘，道劲流畅，工整精细，描绘了韩熙载家设夜宴的完整过程，包括琵琶演奏、观舞、宴间休息、清吹、欢送宾客等场景。

1-1-8

《扶醉图》·【元代】·钱选

说明 《扶醉图》为宋末元初钱选创作，描绘陶渊明"我醉欲眠君且去"的故事，赋色淡雅文气，大有宋画遗风。陶渊明爱酒甚深，以"饮酒"为主题的作品甚多。

酿酒考古

（一）仰韶文化：酿酒源头

据说在仰韶文化时期，人们就已经开始学会酿谷芽酒了。而在酒出现之前，粮食是当时人们生活中重要的一部分，人们往往会在地下挖出专门的窖穴，来堆积以及储存大量的粮食。有一天下了很大的雨，导致洪水爆发，一处人家的窖穴不小心被水给淹了。等雨停了，洪水退去以后，人们发现，原本堆在穴坑里的粟在被水泡过以后，居然借助地表释放的热量发了芽。人们将这种发了芽的粟煮熟了以后食用，发现比起其他没被水淹过的粟，这种粟竟然带着一股甜味及特殊的风味。于是，人们特意挖了一些发芽坑，将一部分谷物放在里面，通过控制水分和温度来对谷物进行加工，促使谷物发芽，进而将这些谷物煮熟并发酵产生谷芽酒。

▶

1-1-9

仰韶文化遗址出土酒器：小口尖底瓮

西安半坡遗址出土

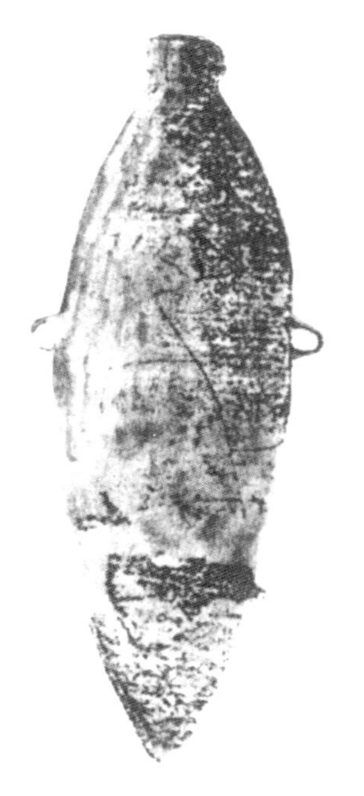

晋西南地区
仰韶文化遗址出土

陕西庙底沟
仰韶文化遗址出土

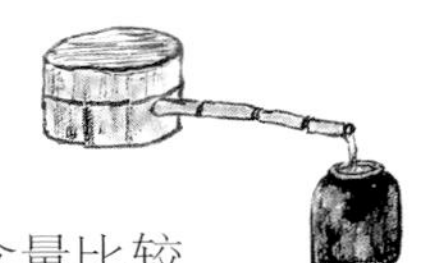

由于在当时这种简单的加工方式下，酿造出来的酒精含量比较低，不容易长期存放，经常会酸败，因而人们使用了一种腹鼓、短颈的小口尖底瓮来存放发酵后的谷物。这种容器有的两边有耳环，有的只有平整的外壁，用来装酒的时候，因为底部是尖的，容器口也比较小，因而能够最大限度地减少里面的酒和外界空气的接触面积，有效防止酸败。同时，这种容器体型比较细长，发酵过程中产生的一些沉积物能够集中在尖细的底部，而酒液高度受容器造型影响相应地也会增高，便于人们避开沉积物来饮用。同时容器口较小，也不容易被冲掉塞子，方便人们运输。

到了寒冷的冬天，人们还会将装了酒的小口尖底瓮下部埋在土中，保证里面的温度。可见，仰韶文化时期，聪慧的先民已经能够根据实际操作的需要，使用专门的发芽坑和小口尖底瓮来帮助酿造谷芽酒了。

（二）先秦时期的酒器

随着制曲技术的发展，到了夏商周时期，酿酒业日益发达。近年来，陆续出土的许多遗存证实了酿酒工艺的不断进步。比如，偃师二里头文化遗址南部出土的乳钉纹铜爵是我国青铜时期最早出现的青铜酒器。

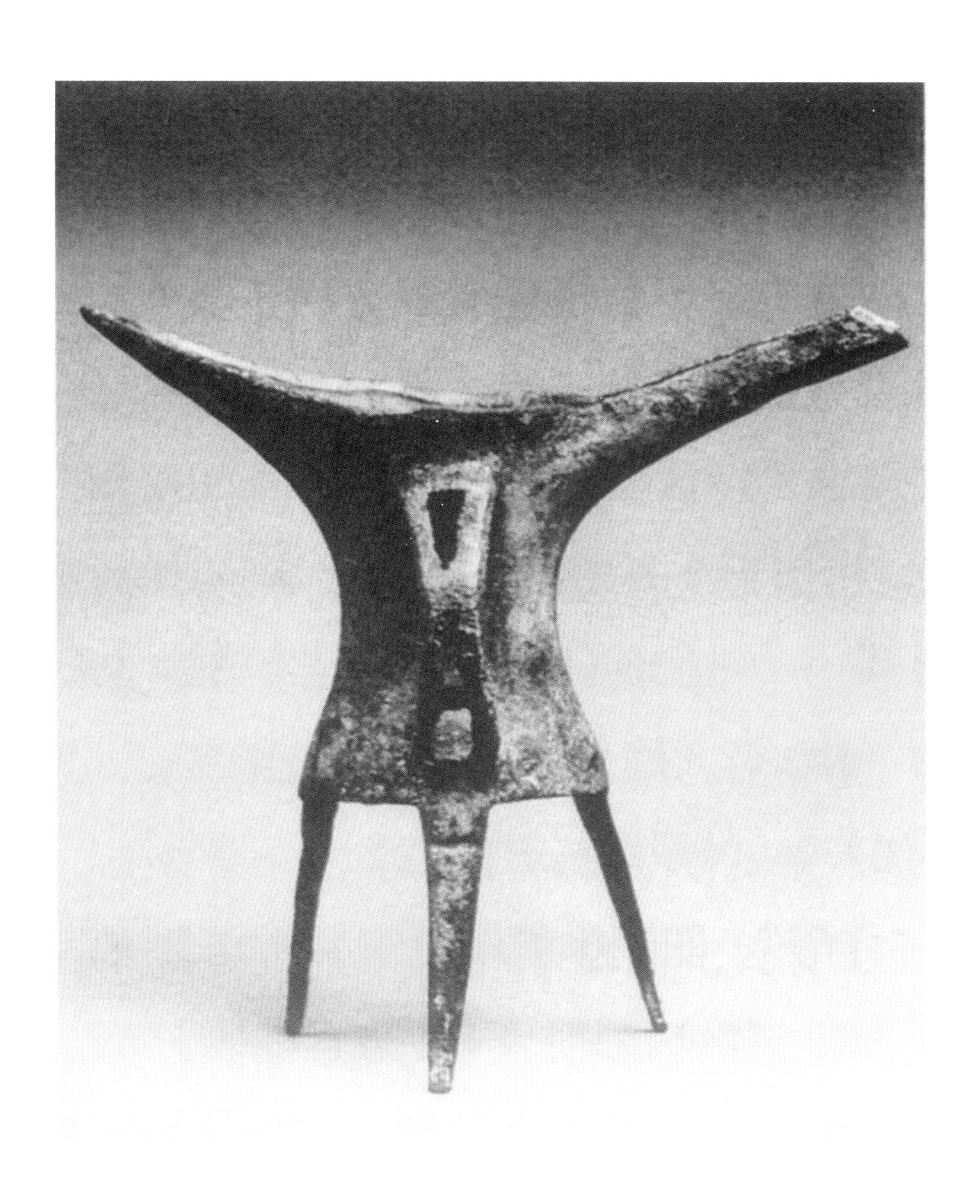

1-1-10

夏代二里头文化遗址乳钉纹铜爵

商代君王并未记住夏桀亡国的教训，大肆建设酒坊，酿酒规模和品种大大超出前代，故殷人非常嗜酒。郑州商城所出土的大量青铜器中，酒器数量最多，反映了酒在商代政治社会生活中的主要地位，“国之大事，在祀与戎”。故《中国传统工艺全集（酿造）》提出，郑州商代窖藏青铜器正是“中国酒功能的全面反映”。

1-1-11

郑州商城出土青铜器

周代农耕进一步发展，带来了酿酒业的兴旺发达。但周代禁止酗酒，故出土的酒器较商代明显减少。因铸币需要大量铜，周代开始生产原始瓷酒器，价格低廉，为百姓所欢迎。

1-1-12

周代原始瓷罍

食醋的源流

醋的起源

《尚书·说命下》曰：“若作和羹，尔惟盐梅。”可见，在远古时期，梅子一类的水果曾被加工成梅汁或梅酱，用以直接食用或充当菜肴的调味。但受限于梅子的产地与产量，人们的生活需求难以满足，于是不得不利用自然发酵技术，像酿酒一样利用谷物酿制食醋。

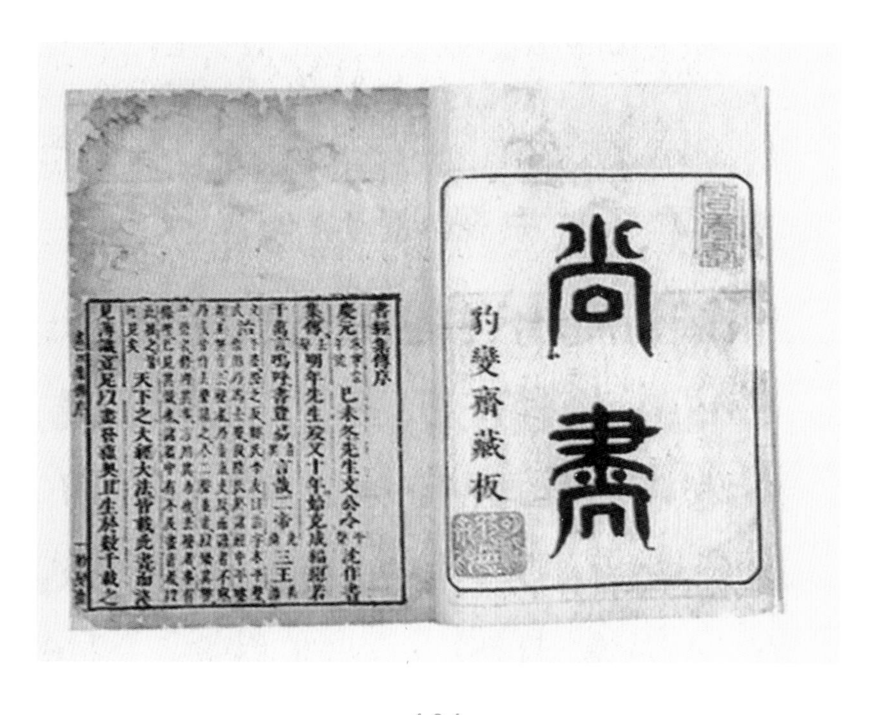

1-2-1

《尚书》·书影

在古代文献中，至少有醯、酢、醋、苦酒及截这几个名词被认为是醋或与醋相关，且都是“酉”字旁。酉是“酒”最早出现的甲骨文字。醋字带有酉旁表明古人在造字时，已考虑到醋与酒的关系，即醋可以由酒变来。《韩非子》载：“宋人有酤酒者，升概甚平，遇客甚谨，为酒甚美，悬帜甚高，著然不售。酒酸，怪其故，问其所知，问长者杨腈，腈曰：‘汝狗猛耶’。曰：‘狗猛则酒何故而不售？’曰：‘人畏焉。或令孺子怀钱挈壶瓮而往而狗迓而龁之，此酒所以酸而不售也。’”由此可知宋国这个卖酒的人因为家有恶犬导致酒卖不出去，故而变酸。汉代扬雄在《法言》中也提到：“礼多仪，或曰‘日昃不食肉，肉必干， 日昃不饮酒，酒必酸。’”可见古时酒会变酸已成为常识。

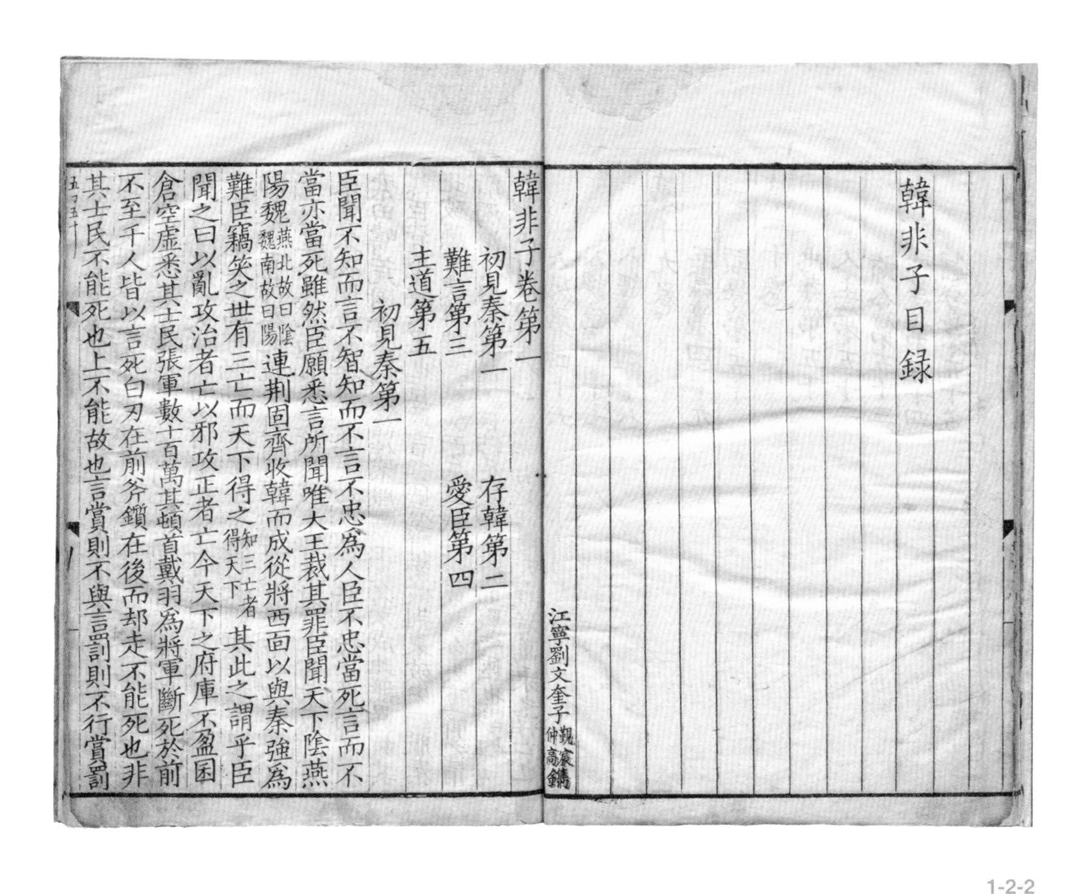

韓非子目録

江寧劉文奎子觀宸仲高鐫

韓非子卷第一

初見秦第一　存韓第二

難言第三　愛臣第四

主道第五

初見秦第一

臣聞不知而言不智知而不言不忠爲人臣不忠當死言而不當亦當死雖然臣願悉言所聞唯大王裁其罪臣聞天下陰燕陽魏（燕北故曰陰魏南故曰陽）連荆固齊收韓而成從將西面以與秦強爲難臣竊笑之世有三亡而天下得之（知三亡者得天下）其此之謂乎臣聞之曰以亂攻治者亡以邪攻正者亡今天下之府庫不盈囷倉空虛悉其士民張軍數十百萬其頓首戴羽爲將軍斷死於前不至千人皆以言死白刃在前斧鑕在後而却走不能死也非其士民不能死也上不能故也言賞則不與言罰則不行賞罰

1-2-2

《韩非子》· 书影

在古代文献中，截、醶、醙等字都曾是醋的名称，都是一地一时的称法。从先秦到汉代，“醯”与“酢”都曾代称酸味汁，并出现了混称现象。“酢”字的出现最晚在春秋时期，最早可追溯至殷商时期。到了西汉，“酢”已明确代指酸醋，如史游《急就篇》中有“酸碱酢淡辨浊清”。

关于“醋”字的出现，宋代史绳祖认为“九经中无醋字，止有醯及和用酸而已，至汉方有此字”（九经即四书五经）。醋字在汉代之前的含义是回敬、报答之意，汉以后则指代食醋。如葛洪《抱朴子》中“酒酱醋䤈犹不成”，即为酸醋的醋。

综上，商周时期酸味调料已从酸味果汁扩展到由谷物发酵而酿制的醋，而醋的称谓变化，反映了人们对醋的认识不断深化以及制作技术的多样。

醋的传说

（一）“苦酒”之谓

相传，商纣王在都城朝歌修建“摘心楼”，要取宰相比干的七巧玲珑心为妲己治病。但食用人心需要药引，即一种山泉和红高粱酿成的酒浆。于是纣王号令天下臣民进献，晋阳官员便将出产于晋阳吕梁山下汾河岸边的高粱酒进献。制酒工匠和挑夫们日夜兼程赶往朝歌，不料天热路远，还没出太行山，挑夫大都中暑病倒，酒也溢出一股异味。工匠知道高粱酒变质了，吓得魂不附体，当即晕了过去。醒来后，酒尚在，挑夫们却逃得无影无踪。工匠深知将这酒送去必死，也准备逃走。但毕竟是他亲手酿造的美酒，丢掉又有些不舍，于是打算带一些走。不料，拆开泥封，一股诱人的醇香味四溢，他尝了尝，酸甜可口。又试着将熟肉蘸上吃，发现腥味全无。工匠大喜，逃回家后，他照此法又做了些，请乡邻们品尝，人人赞不绝口。吃了一段时期后还发现，这“酸酒”有治腹泻和感冒的作用，更能增加食欲。为与高粱酒分开，工匠便以“苦酒”为名。

1-2-3

香醋在民间

后来晋阳官员听说此事，索取一坛“苦酒”献上纣王，纣王以为是酒，不料却酸的要命，喝后“唏嘘”不止。妲己问这东西的名字时，这官员灵机一动，便以“稀”名之。而书记官以为此苦酒出自山西，用器皿而流入朝歌，便以“醯”记之。此后，“苦酒醯”逐渐成了山西人离不开的调味品，而由于山西人顿顿吃“醯”，也被人们称作“老醯”了。

到汉朝时，“醯”成为宫廷的指定贡品。汉文帝十二年，晋阳送来贡品，照例要到后宫拜见汉文帝生母薄太后，薄太后是晋人，自然喜欢家乡的东西。但听到宫女太监们叫“老醯”时感到十分不舒服，便想将“醯”改个名字。汉文帝知晓母意后，便要臣子们想个好名字取代“醯”。一个学士想了一会奏道：“今年是癸酉年，又是腊月二十一日，将年月一合，即是‘醋’字，而‘昔’字拆开，正好是二十一日。”汉文帝龙心大悦，御笔亲书“醋”字，贴于盛“醯”的器皿上。此后“醯”便叫为“醋”了。

（二）吴氏“造醋”

酸很早就被列为调味品中的五味之一，在醋还没有产生以前，古代的人们主要是将天然梅果的汁作为酸味调味剂的。根据民间传说，醋的起源始于魏晋时期刘伶的妻子吴氏。

刘伶是魏晋时期有“竹林七贤”之称的七位名士之一，他非常爱喝酒，酒量也很好，把酒当作自己生命的一部分，有“有酒以来第一饮者”的美誉。刘伶还是历史上唯一一个以酒留名的文人，他专门写了一篇《酒德颂》来颂扬酒。由于刘伶喝酒上了瘾，到了痴狂成性的地步，为此常常误情，同时，频繁地饮酒对他的身体也产生了很大伤害，于是吴氏便一直劝说刘伶停止饮酒，可是他还是嗜酒如命。

1-2-4

刘伶嗜酒图

说明 刘伶，魏晋“竹林七贤”之一，嗜酒不羁，被称为“醉侯”，被后世视为蔑视礼法、纵酒避世之典型 刘伶现仅存世《酒德颂》和《北芒客舍》，其作品反映了魏晋名士崇尚玄虚、消极颓废的心态，也表现出对“名教”礼法的蔑视及对自然的向往

一天，吴氏在酿酒时突发奇想，如果酒不好喝，那么刘伶一定不愿喝酒了吧！于是，她在酿酒的过程中，往酒里加了一些盐梅等酸辣的东西，封好盖子让酒继续发酵。过了一段时间，吴氏打开盖子，阵阵浓烈的酸味传出来。吴氏很高兴酒的口感被破坏，以为这下终于可以阻止刘伶饮酒了。结果，等刘伶回家以后尝了这份变质的酒以后，惊讶的同时居然还觉得酸甜可口，别有一番风味。于是，在我们生活中很重要的调味品“醋”就这样误打误撞地产生了。

（三）杜杼“造醋”

传说在两三千年前，杜康发明了酿酒术，他造酒剩下的渣子叫做酒糟，都让他儿子杜杼拿去给别人喂牲口。有一年，除夕将至，亲戚四邻忙着备年货，纷纷请求杜康帮忙造酒。杜康在出门前对儿子杜杼说：“我要外出几天，这次酿酒剩下的酒糟就交给你处理了。”杜杼想，现在家家户户都在忙准备过年，谁还需要酒糟呢？于是就把自家的酒糟先暂时放在缸里用水泡着，盖上盖子，打算过两天用来喂马。结果，年节忙碌，杜杼转眼就把这件事忘得干干净净。整整过了20天，杜杼晚上睡觉的时候做了一个梦，梦见有位发须花白的老神仙向他索要调味汁。杜杼回答说：“我哪儿有调味汁啊？”老神仙指了指泡酒糟的大缸说：“这里不就是吗？到明天的酉时就可以吃了，已经泡了21天啦！”（古时候的酉时指的就是下午五点到七点的那段时间）

1-2-5

杜杼造醋图

第二天，杜杼醒来后想起这个梦，觉得很奇怪。傍晚吃饭的时候，父亲杜康正好回家了，杜杼就向父亲说了自己的这个梦。于是两人一同走向那个泡着酒糟的大缸，打开缸盖，一股酸气扑鼻而来。家里人闻见都说："快丢掉，要不得！"结果杜杼说："反正酒能喝，这酒糟水也吃不死人，我试试味道。"说罢，他舀了一勺缸里的黄水，用舌尖尝了尝，结果发现味道酸溜溜的，觉得还不坏。正月初一，杜杼全家一起吃饺子，在父亲的支持下，他给家里人都盛了一小碗缸里的黄水来蘸饺子吃，结果大家吃了都觉得酸中带甜，非常爽口。

从此，这黄水就成了一种调味品。杜杼受梦的启发，把"二十（廿）一日酉"这几个字组合起来，就成了一个"醋"字。在人们普遍发现酒放久了会变酸以后，醋的酿造也就逐渐被人们重视起来了。

酱的起源

成汤做醢与周公制酱

中国最早的酱是肉酱，叫作“醢”（hǎi）。早期的酱就是用肉加工制成，其加工方法，是将新鲜的好肉研碎，和酿酒用的曲拌均，装进容器。容器用泥封口，放在太阳下晒两个七天，待酒曲的酸味变成酱的气味，就可食用。这种肉酱还可以速成：将剁碎的肉与酒曲、盐拌匀后装进套器，用泥密封。在地上掘一个坑，用火烧红后把灰去掉，再用水浇过，然后在坑里厚厚地铺上草，草中间留一个空，空中正好放装拌好曲和肉的容器。把坑填上七八寸厚的土，在填的土上面，烧干牛粪，一整夜不让火灭。到第二天，酱渗出来就熟了。酱在当时曾被称作美食，味道很好。如果“成汤作醢”可信的话，那么酱的历史可以上溯到商代。

还有一种说法，认为酱是周公创制的。周公，姓姬名旦，是周文王第四子，武王的弟弟，西周著名的政治家、思想家，曾两次辅佐周武王东伐纣王，并制作礼乐，天下大治。因为其封地在周，爵位为上公，故称周公。

周公怎么会和酱联系到一起，成为做酱的祖师爷呢？实际上，周公不会去亲自做酱，而是把制酱做了归纳，把酱当作诸多调味品的总称。“酱率百味”，就明确体现了酱在中国烹饪调味体系中的龙头作用。在周代，酱是帝王和贵族专享的美食，而没有广泛进入民间。这时人们发觉草木之属都可以为酱，于是酱的品类日益增多，贵族们每天的膳食中，酱占了很重要的比重。

范蠡制酱

根据民间传说，酱是范蠡在无意间制成的。相传，范蠡十七岁时，因为家境贫穷，所以到一个财主家帮忙管理厨房。范蠡在财主家帮他们做饭做菜，但是因为没有经验，饭菜常常因为做得不称心而剩下许多，时间一久，这些食物就发酸变馊了。怕被主人发现被责罚，范蠡就将剩余的食物都放进储藏室里。然而有一天，这件事被其他在财主家干活的人发现了，并偷偷告知了财主。于是财主跑到储藏室，发现了这些馊酸食物后，将范蠡狠狠地责骂了一顿，还警告范蠡，如果十天之内他不能将这些发酸变馊的食物变成有用的东西，就把他送到官府去。聪明的范蠡很快就想到了解决办法。他先是将这些长了绿毛、白毛的食物用盐处理了一下，然后晒干，再用锅炒熟，去掉异味、杀死细菌，最后加了点温水搅拌成糊拿去喂猪。财主看到范蠡处理后的食物非常受家里养的猪的欢迎，这些猪吃得津津有味，这让财主非常高兴，于是就不再追究范蠡的责任了。

后来，有一个小长工和范蠡开玩笑，模仿范蠡当时处理酸馊食物的方法，将处理过的食物放在面条里给范蠡吃，没想到范蠡吃了以后还夸赞面条十分美味。这时，小长工才道出原委，范蠡没有责怪他，反而受到启发，用这种酸馊发毛的食物创制出了美味可口的酱。

1-3-1

街头买酱图

先秦时期的酿酒工艺・XIANQINSHIQI DE NIANGJIUGONGYI

汉代的九酝春酒法・HANDAI DE JIUYUNCHUNNIANGJIUFA

南北朝时期的酿酒工艺・NANBEICHAOSHIQI DE NIANGJIUGONGYI

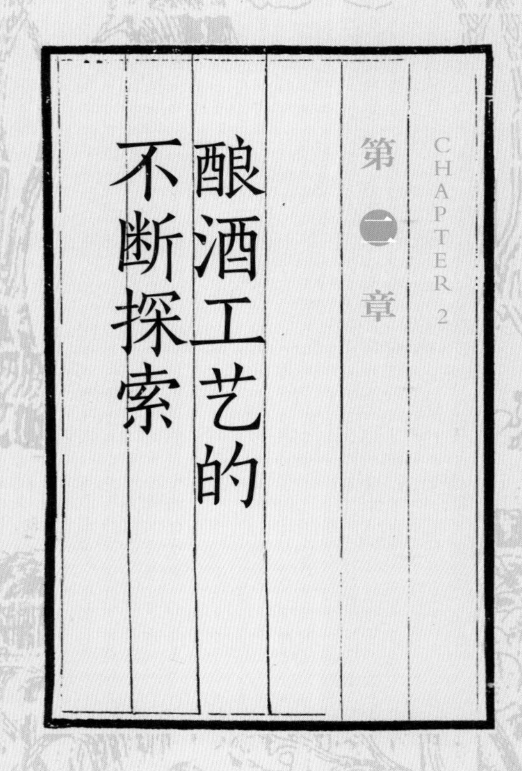

第二章 CHAPTER 2

酿酒工艺的不断探索

先秦时期的酿酒工艺

“古六法”

“古六法”是先秦时期根据《礼记·月令》（《礼记·月令》主要是按月记载先秦时期天子的活动以及重大的农事活动）记载的关于酿酒的一种工艺技法，主要包括六项技术元素，围绕这六项元素构成了酿酒技术管理核心，因而有酿酒“古六法”之称。这一时期酿酒一般都选在秋末冬初时节，这是酿制发酵酒最好的季节。在这个季节里，谷物收成了，气温也比较适合酿酒。而具备了这一前提，接下来就可以按照“古六法”的要求开始准备酿酒了。

第一项是**“秫稻必齐”**，这是对制酒原料的要求。制酒的原料需要选用成熟的秫稻，而“秫”字通常包括三种含义：一指黏谷子，二指高粱，三指糯米。一般认为这里的秫稻指的是黏谷子和稻米两种谷物。

第二项是**“曲蘖必时”**，这是对曲蘖的要求。这里的曲蘖指的是酒曲，也就是发酵的谷物。由于古代科技不发达，因而制作曲蘖的质量受季节和气温的影响比较大，所以曲蘖的生产需要按照合适的时间妥善进行。

第三项是**“湛炽必洁”**，这是对原料处理的要求。在处理酿酒原料的时候要务必清洁，不管是用来泡谷物的水，还是蒸煮谷物的用具，都需要保持清洁，以保证酿酒的时候不被污染，酒曲能够正常发酵。

第四项是**“水泉必香”**，这是对酿酒用水的要求。在保证酿酒所用水清洁的基础上，还要求选用清甜的水。这里涉及对井水和河水的选择。井水分为苦水和甜水两种，而苦水含碱量较高，味道比较苦，不适合用来作为酿酒的水。相较之下，酿造水选用河水为最佳。

第五项是**“陶器必良”**，这是对酿酒器具的要求。当时的人们已经认识到陶瓮是比较适合酿酒用的一种容器，高质量的陶器烧结成熟，没有渗透的现象，是理想的贮酒器。

第六项是**“火齐必得”**，这是对酿酒中温度的要求。在酿酒的过程中，火候一定要适当，不能太大，也不能不足。由火产生的温度也要适宜，不能过高，也不能过低。

总而言之，把握好酿酒的“古六法”，在酿酒的过程中就不容易发生失误，从而能保证酿出的酒品质量。

古代酿酒图

2-1-1

拌料

2-1-2

晾晒

2-1-3

制曲

2-1-4

入窖

2-1-5

起窖

商纣饮酒误国

继任夏朝统治的殷商，最终也没有躲开亡国命运，不得不说酒是一大罪魁祸首。商代晚期帝王大多是淫暴之主，无心国事，一味追求享受安乐。其中，酗酒就是这些帝王的通病，尤其以商纣王最为典型。商纣王是一个贪图美色、嗜酒如命的人，据说他在统治期间，不惜花费大量人力、财力和物力，建造了历史上著名的“酒池肉林”。这是一个专供商纣王沉迷美色，耽于享乐的奢侈场所，把酒像池水一样装满整个池子。商纣王日夜饮酒作乐，实在是荒淫无度到了极点，据说最严重的一次是在里面连喝了七天七夜的酒。沉迷酒色的商纣王，无心管理好国家，导致民不聊生，人们怨声载道。

2-1-6

酣身荒腆图·《钦定书经图说》

【清 孙家鼐等编 清光绪三十一年内府刊本】

酣身荒腆圖
妲己
紂王
酒池

最终，因为贪杯和暴政，商纣王不仅丢掉了天下，更丢掉了性命。当周武王军队在倒戈投降的商军带领下攻进王宫时，商纣王才从酗酒的深渊中清醒过来了，他先是把自己遮挡得严严实实，再引火自焚，以表示自己无脸面见祖先和臣民。商纣王饮酒误国误己的事，时时警示着后世的君主。

2-1-7

河北藁城台西村商代遗址制酒作坊出土器物图

鲁酒薄而邯郸围

春秋战国时期，有一天楚宣王召集诸侯会盟，结果大家都准时到了，只有鲁恭公迟到了，对此楚宣王有点不太高兴，但也不好多说什么。接下来，楚宣王尝了鲁恭公带来的酒后，发现酒味十分寡淡，这更是点燃了他心里的怒火，于是指责了鲁恭公。然而，鲁恭公却回答道："我乃是周公后代，爵位也是王爵，来到这里给你献酒已经是有损身份和礼节了，你还指责我带来的酒味道淡薄，太过分了。"说完鲁恭公一声招呼也不打就启程回到自己的国家了。楚宣王这下更是愤怒到了极点，因而下令楚国军队帮助齐国一起攻打鲁国。

2-1-8

楚宣王朝诸侯

2-1-9

鲁酒薄而邯郸围

与此同时，齐国的梁惠王一直想攻打赵国，但因为害怕楚国会出兵帮助赵国，所以一直迟迟不敢妄动。结果发现现在楚国调集兵力攻打鲁国，已经顾不上帮助赵国了，这下就不用担心楚国来妨碍齐国攻打赵国了。于是，梁惠王赶紧找了借口回到了自己的国家，接着立刻命令军队攻打赵国，没过几天就包围了赵国的邯郸。

因为鲁国的酒味道之淡薄，赵国的邯郸就这么平白受到牵连，成了国家间斗争的牺牲品。这个故事也告诉我们，在生活中“勿以恶小而为之，勿以善小而不为”，一件看起来很小的坏事说不定在以后会造成很严重的后果。

2-1-10

中山王墓出土扁壶酒

2-1-11

中山王墓出土扁壶酒液

汉代的九酝春酒法

《礼记·明堂位》说：“夏后氏尚明水，殷上醴，周尚酒。”这段话说明，随着酿酒技术的发展，人们对于所酿酒的醇度有了更高的要求。

葛洪所撰《西京杂记》曰：“汉制，宗庙八月饮酎，用九酝太牢，皇帝侍祠。以正月旦作酒，八月成，名曰酎，一曰九酝，一名纯酎。”可见，此时酿制酎酒所用发酵时间已达到了 8 个月，醇度由于多次重复发酵而提高，其间还可能采用了固态醪发酵。

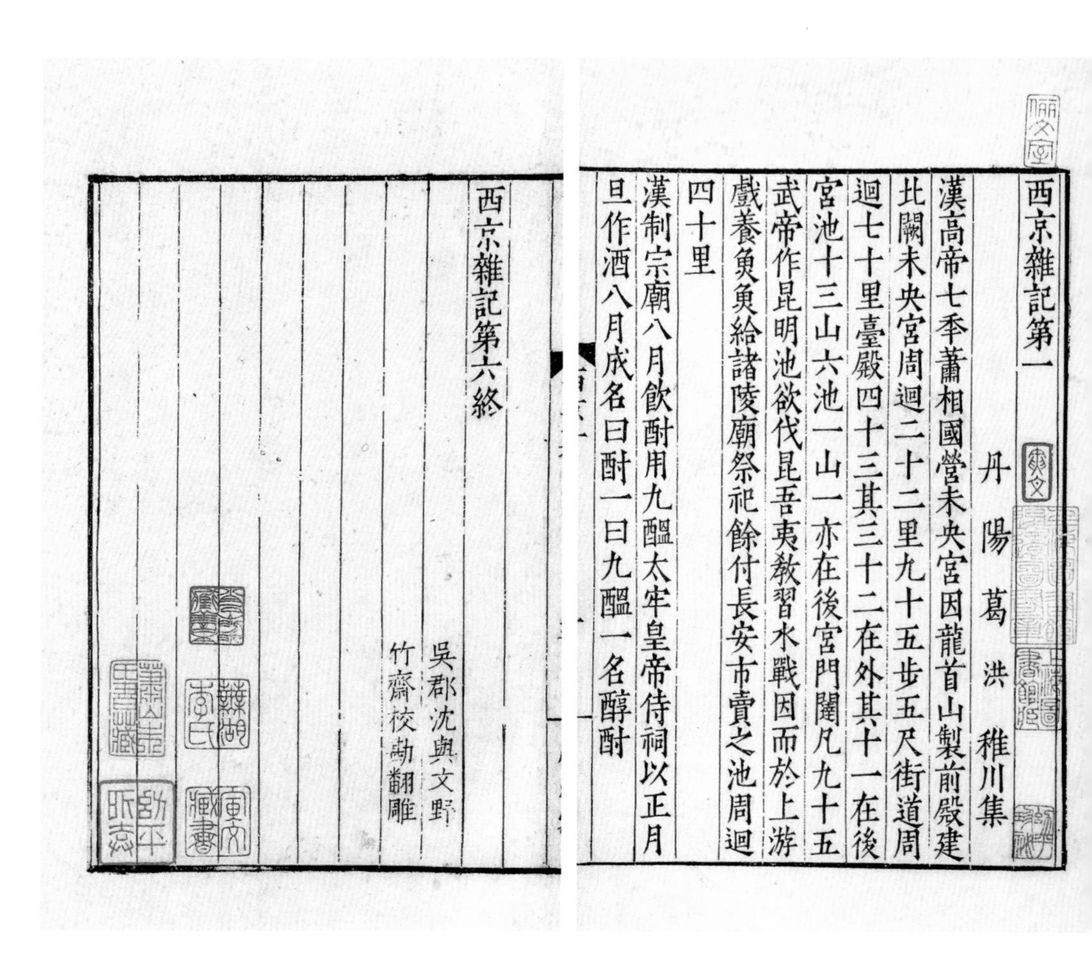
西京雜記第一

丹陽葛洪稚川集

漢高帝七年蕭相國營未央宮因龍首山製前殿建北闕未央宮周迴二十二里九十五步五尺街道周迴七十里臺殿四十三其三十二在外其十一在後宮池十三山六池一山一亦在後宮門闥凡九十五

武帝作昆明池欲伐昆吾夷教習水戰因而於上游戲養魚魚給諸陵廟祭祀餘付長安市賣之池周迴四十里

漢制宗廟八月飲酎用九醖太牢皇帝侍祠以正月旦作酒八月成名曰酎一曰九醖一名醇酎

西京雜記第六終

吳郡沈與文野竹齋校勘翻雕

2-2-1

《西京杂记》· 书影

为了提高醇度，汉代时在酿酒方法上出现了一项重要技术。这个新技术能推广开来，被人们所熟知，多亏了东汉末年著名的政治家曹操。在曹操还不得势的时候，为了讨汉献帝的欢心，他以奏折的形式向汉献帝推荐了当时一项先进的酿酒新技术“九酝春酒法”。“九酝春酒”是曹操家乡亳州所产的一种酒，这一工艺也是对当时亳州酿酒技术的总结。在汉代，全国各地已经能够利用不同的谷物来制曲了，因而酒的品种也有所增加，有“行酒”“甘酒”还有“清酒”等。既然能够得到汉献帝青睐，不可能仅仅因为“九酝春酒”产自曹操家乡，而是这种酿酒技术有其独特优势和特色。

根据《四民月令》，正月酿的酒为“春酒”。而“九酝”则是指将酿酒原料分九次投入曲液中依次发酵。由此可以认为，曹操推荐的“九酝春酒法”就是在正月酿造，每酿一次，用五石的水、三十斤的曲以及九石的米。在一个发酵周期中，酿酒原料不是一次性都加进去，而是三日一批，分几批加入，让它们依次发酵。这种方法，在现代有个形象的说法叫“喂饭法”。“九酝春酒法”的酿制法，不仅用曲量少，需要的水量也不多，还能使酒液具有甜味。

2-2-2

东汉酿酒工艺画像砖拓片

2-2-3

东汉酒肆画像砖及其拓片

2-2-4

曹操献“九酝春酒法”

曹操在“九酝春酒法”的同时，还针对酿出酒带有苦味的问题，提出了改进的办法。“九酝”的酒由于曲多米少而容易导致味苦难饮，可以再多加一石米，即增一酿，这样曲和米的比例能够正好协调，酒味也就更为醇厚清甜。因此，“九酝春酒法”一经宣传，便得到了广泛推广。

南北朝时期的酿酒工艺

《齐民要术》中的酿酒术

后魏贾思勰撰写的《齐民要术》，是秦汉以来，以华北为中心的我国黄河流域第一部关于酿酒技术和酿酒经验总结的巨著。贾思勰已经清楚地认识到，制曲在酿酒工艺中的关键地位，所以在介绍各种酿酒法的时候，都会介绍其相应的制曲法。

《齐民要术》着重介绍了当时的9种酒曲。从原料看，有8种用小麦，1种用粟（汉代以后，粟指今天的小米）。如在制作三斛麦曲的时候，就强调除了要做好原料的选择、配比及加工外，还应注意几点：第一，择时，七月取中寅日；第二，取水，在日未出时，这时的水因尚未被人动过，一般比较纯净清洁；第三，选曲房，得用草屋，不能用瓦屋，因为草屋的密闭程度胜于瓦屋，便于保温、保湿、避风；第四，地须净扫，不能有脏物；第五，在制曲时，不能让闲杂人接近曲房。这些措施表明，当时制曲已十分强调曲房的气温、湿度、环境卫生及用水的洁净，这是为了让霉菌能更好地正常繁殖。

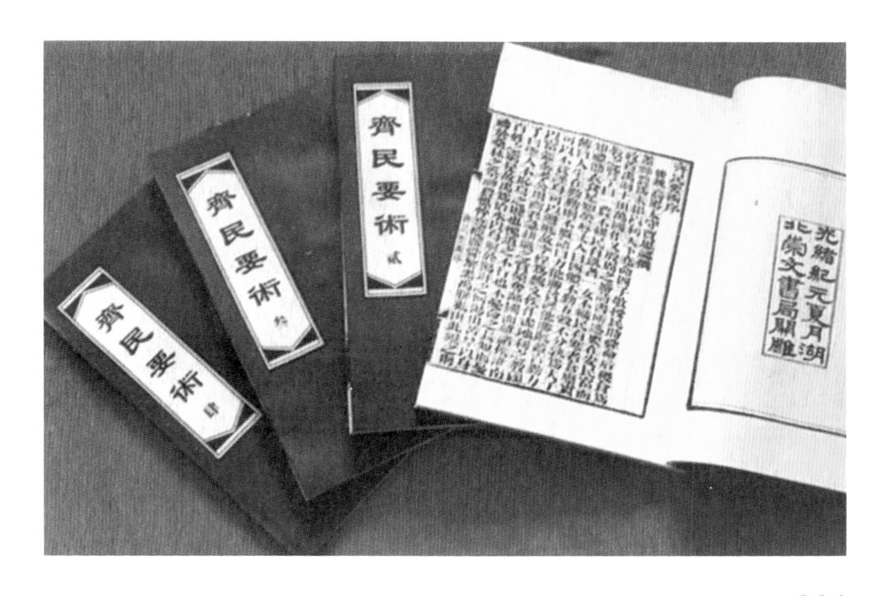

2-3-1

《齐民要术》· 书影

2-3-2

《齐民要术》中描述的酿酒工艺

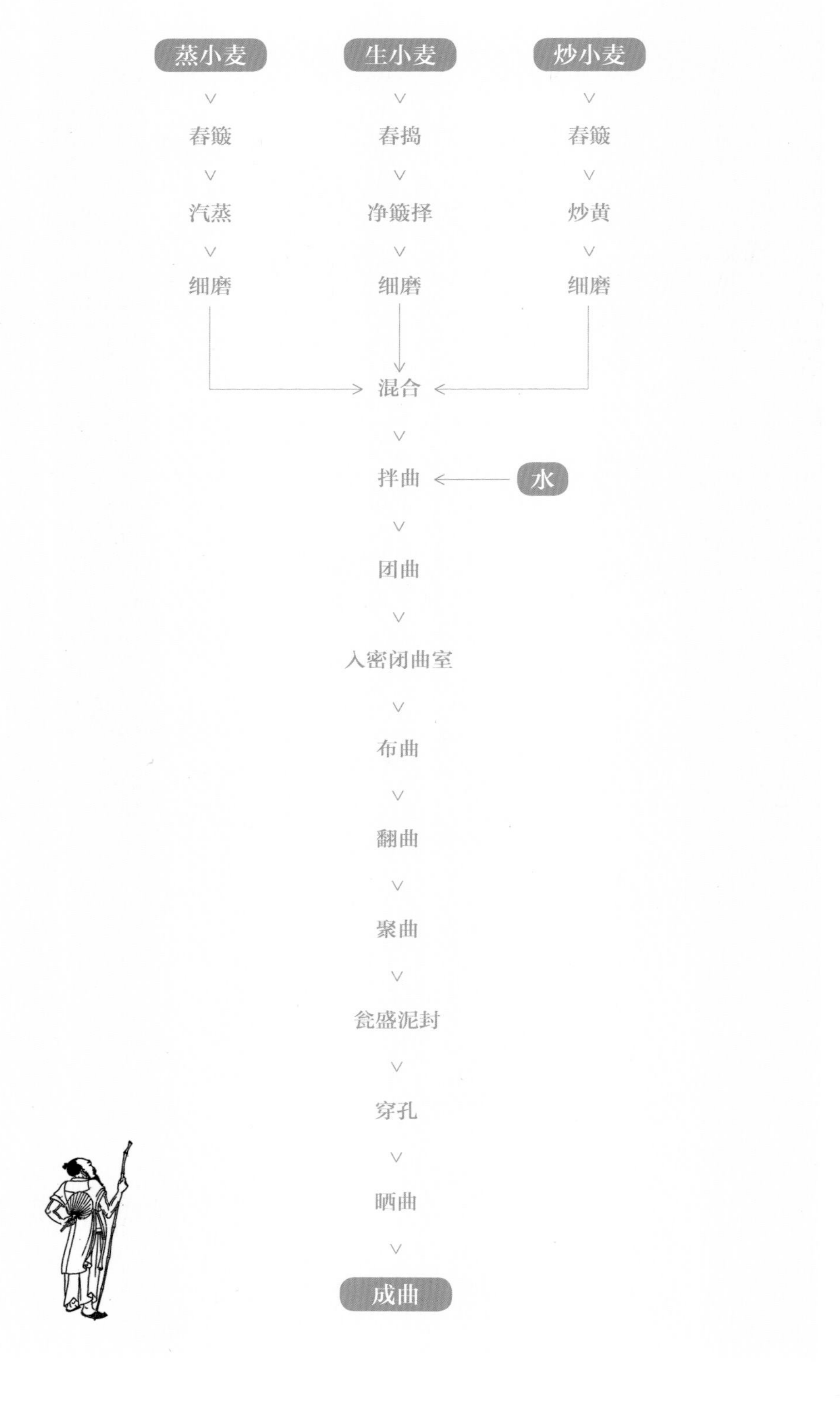

2-3-3

《齐民要术》中神曲生产工艺流程

《齐民要术》介绍了散布在黄河中下游地区的多达40种的酿酒法，它们分别被列在某种曲的下面，表示是使用该种曲酿造的。造酒法中大多包括以下内容，首先是关于曲的加工，如碎曲、浸曲，以及淘米用水等酿酒的准备工作，之后再具体介绍酿造某种酒的方法，各个酿酒法工艺过程大同小异。再以三斛麦曲的酿酒法为例，其基本工序是：首先，将曲晒干并处理干净；其次，将曲浸泡三天，促进发酵繁殖，等产生像鱼眼一样的气泡，就可以往这个醪液中投入米饭，进而发酵成酒了；然后，要保证所用用具以及用水的清洁干净，米也要淘洗到水清为止，饭要炊得熟软一些，之后再摊开放冷备用；最后，再根据浸曲的醪液具体的发酵情况，来决定投入米饭的用量和时间。

《齐民要术》中还进一步强调了酿酒的季节和酿酒用水。贾思勰认为，选择春秋两季酿酒较好，尤其是秋季，这时候天气已稍凉，酿造过程中不再存在降温问题，便于酿酒过程的温度控制。而冬季酿酒，环境温度低，不利于发酵，则需要采取加温和保温措施。酒瓮要用茅草或毛毡包裹，利用发酵所产生的热来维持适当的温度；当酿酒瓮中结冰时，要用一个瓦罐，灌上热水，外面再烧热，堵严瓮口，用绳将它吊进酒瓮以提高温度，促进发酵。至于夏季酿酒，则必须采取降温措施，例如把酒瓮浸在冷水中等。

“竹林七贤”饮酒观

“竹林七贤”指的是魏晋时期的七位名士：阮籍、嵇康、山涛、刘伶、阮咸、向秀和王戎。南朝《竹林七贤与荣启期》砖画描绘了这样一个场景：葱郁的林间，有八人席地而坐。有的在抚琴，有的在拨弦；有的高谈阔论，有的闭目沉思；有的正张口长啸，有的正执杯畅饮，还有一人正凝视酒杯，如痴如醉。这七人就是著名的“竹林七贤”，或许是为了画面的对称，壁画还绘有春秋时期的一位隐士，虽与七贤生活在不同时代，但情怀与气质却与七贤相近。

2-3-4

南朝《竹林七贤与荣启期》砖画

画面中的七位贤士，每个人的神态和动作间都展现了各自鲜明的形象，他们也有着各自不同的生活态度及政治追求。在司马氏篡权当政的魏晋之交时期，残酷的权力之争下社会道德沦丧、人性扭曲，他们无力改变现实，更难以实现自己的人生抱负，是酒让他们暂时找到了一种能够合群相处又能够共同宣泄的途径。七贤经常聚会畅饮纵酒，在竹林中高谈阔论，弈棋赋诗，无拘无束，潇洒自在。他们不拘礼法，任性放荡，隐身于酒，也得全于酒。

七贤这种放荡不羁的生活，在当时遭到很多人的批评贬低，但他们这种处事态度是社会现实下的一种无奈选择。竹林七贤的这种饮酒观念，与前人单纯为了满足酒瘾不同，更重要的是出于一种精神上的需求。可以说，这种由酒而衍生出来的思想文化，也深深影响着后世。

2-3-5

阮籍饮酒图

说明 阮籍，魏晋"竹林七贤"之首，《咏怀诗》开后代左思《咏史八首》组诗、陶渊明《饮酒二十首》组诗之先河。《晋书·阮籍传》载，阮籍为避司马昭亲事，拼命喝酒，每日酩酊大醉。后世以其不慕荣利富贵、乐天安贫，尊为贤者和效法榜样。

盧雍雨華道家所造色如子酒而味尤厚

一四川郫筒酒

郫筒酒清冽徹底飲之如梨汁蔗漿不知其爲酒也但從四川萬里而來鮮有不味變者余七飲郫筒惟楊笠湖刺史木簰上所帶爲佳

一紹興酒

紹興酒如清官廉吏不參一毫假而其味方真又如名士耆英長留人間閱盡世故而其質愈厚故紹興酒不過五年者不可飲參水者亦不能過五年余常稱紹興爲名士燒酒爲光棍

一湖州南潯酒

黄酒生产工艺 · HUANGJIU SHENGCHANGONGYI

红曲酒生产工艺演变 · HONGQUJIU SHENGCHANGONGYI YANBIAN

果酒生产工艺 · GUOJIU SHENGCHANGONGYI

白酒生产工艺 · BAIJIU SHENGCHANGONGYI

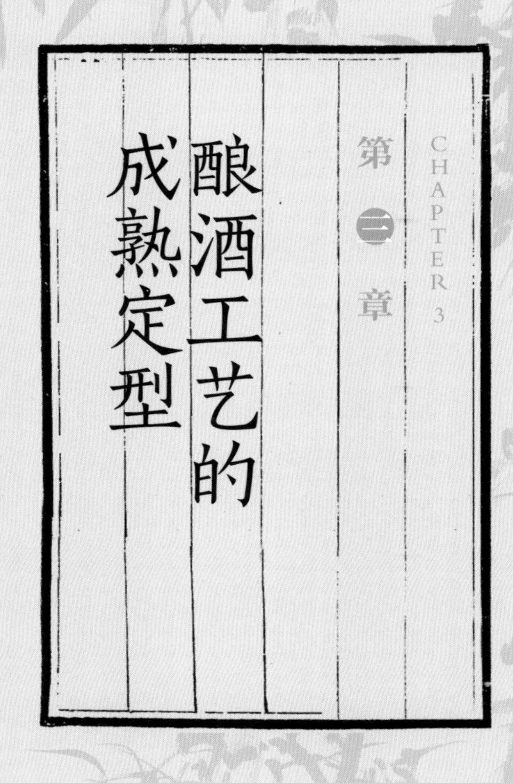

第三章

CHAPTER 3

酿酒工艺的成熟定型

黄酒生产工艺

绍兴黄酒

传统绍兴酒生产工艺有几千年历史，在宋代正式定型，明清时期发展至顶峰。传统酿制工艺认为，绍兴酒酿造的核心原料是糯米、麦曲、鉴湖水，其中大米像“酒之肉”，糖化麦曲像“酒之骨”，酿造用水像“酒之血”，这一比喻十分形象和贴切。绍兴酒酿造工艺主要有六大工序：浸米、蒸饭、开耙发酵、压榨、煎酒、储存（陈化）。[1] 属于绍兴酒的独到之处有三：一是浸米，最具特色。浸渍时间长达 16 天之久，既是要使糯米淀粉吸水不再膨胀以便于蒸饭，也是为了得到酸度较高的浸米浆水，作为酿造中的重要配料；二是开耙，乃独门绝技。开耙操作主要是调节发酵醪的品温，补充新鲜空气，以利于酵母菌生长繁殖。酿造师傅根据“一听、二嗅、三尝、四摸”来掌握开耙时间和力度，需要极丰富的经验和熟练的技巧；三是陈化，绍兴酒与众不同的特点是越陈越香，陈化的环境、手段、方法是非常讲究的。

① 周嘉华．中国传统酿造：酒醋酱 [M]. 贵阳：贵州民族出版社，2014：130.

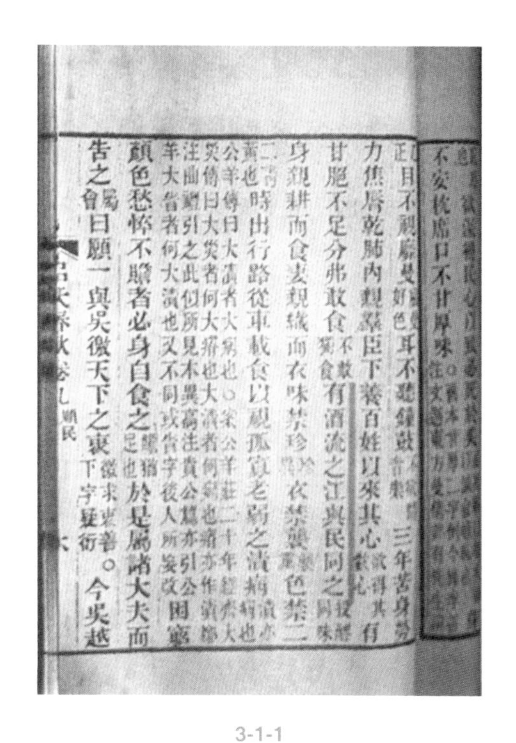

3-1-1

《吕氏春秋》对绍兴酒的介绍 · 书影

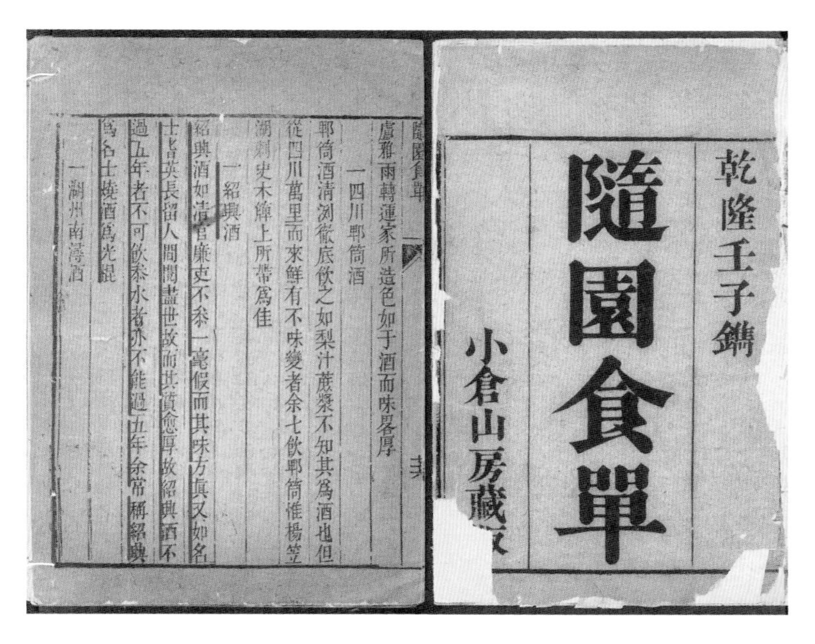

乾隆壬子鐫

隨園食單

小倉山房藏版

隨園食單

盧雅雨轉運家所造色如于酒而味略厚

一四川郫筒酒

郫筒酒清洌徹底飲之如梨汁蔗漿不知其爲酒也但從四川萬里而來鮮有不味變者余七飲郫筒惟楊笠湖刺史木簰上所帶爲佳

一紹興酒

紹興酒如清官廉吏不參一毫假而其味方眞又如名士耆英長留人間閱盡世故而其質愈厚故紹興酒不過五年者不可飲參水者亦不能過五年余常稱紹興爲名士燒酒爲光棍

一湖州南潯酒

3-1-2

《随园食单》对绍兴酒的记载 · 书影

绍兴酒已发展到四大类二百多个品种，包括元红酒、加饭酒、花雕酒、善酿酒、香雪酒。[1]元红酒又称状元红，因酒坛外表涂朱红色而得名，是绍兴酒中的大宗产品，用摊饭法酿造。这种酒发酵完全，残糖少，酒液呈橙红色，透明发亮，有显著的特有芳香，味微苦，酒精度在 15~17 度。加饭酒是绍兴酒中的精化品种，口感特别醇厚。因用摊饭法制成，且在酿造中多批次添加糯米饭，故而得名。因增加饭量的不同，又分为“双加饭”和“特加饭”。因加饭的缘故，口感特别醇厚，风味更加醇美。酒液呈深黄色，芳香十分突出，糖分高于元红酒，口味微甜，酒精度通常在 16~18 度。花雕酒则是绍兴酒中的精品，将优质加饭酒装如精雕细琢的浮雕酒坛而搭配成，是中国名酒的典型代表，常用作馈礼。花雕源于两晋时的女儿酒，浮雕描绘的是绍兴历史中的美丽传说，体现的是文明和艺术，盛载的是历史和文化。

苏轼（世称苏东坡）不仅是宋代诗人，也是一名酿酒专家。他出生于四川眉山，早期在北方地区，如陕西凤翔、山东密州、河北中山等地当官，但后期多在南方，因而对南方的酿酒技术颇为熟悉。通过自酿和实践，苏轼总结撰写出非常有名的《东坡酒经》。这是一部总结南酒和酿酒工艺的代表作，对后世影响极大。

---

① 周嘉华 . 中国传统酿造：酒醋酱 [M]. 贵阳：贵州民族出版社，2014：110.

3-1-3

东坡饮酒图

说明 “明月几时有，把酒问青天”。苏东坡爱酒堪称“痴”，传世词作中“酒”字出现了九十多次。苏东坡还亲自酿酒，写有《蜜酒歌》《桂酒颂》等，其《东坡酒经》仅数百余言，却包含了制曲、用料、用曲、投料、原料出酒率、酿造时间等内容。

《东坡酒经》从制曲到酿酒都有清晰扼要的介绍，首订曲、饭三投法：

（1）以糯米和粳米掺入某些药草制成饼曲，即小曲（酒药）；

（2）面粉及姜汁搅拌制成风曲；

（3）三斗米炊熟后，加入四两酒药、三两风曲以及少量水，装在瓮里，将其中的原料堆成中空呈井状；

（4）瓮中的“井坑”中的原料开始发酵，逐渐产生浆液并满溢出来。此刻需要添入五升饭，三天后再投五升，九天进行三投，一般十五

天可发酵完毕。然后加入熟冷水，下水五天以后可取得酒液约三斗半；

（5）利用取了酒液后剩下的酒糟，添入五升饭、三倍饭的水以及四两酒曲，放在瓮里继续发酵，五天以后，可以取得酒液一斗半；

（6）前后两次取得的酒液总共有五斗，将二者混合，放五天即可饮用。

3-1-4

绍兴酒酿造工艺

在苏轼介绍的酿酒工艺经验中，有三个重要的特点：首先是明确地使用了两种曲（酒药和风曲）的混合发酵，苏轼通过细心观察和实践，发现酒药和风曲各有优点，因而尝试将二者结合起来用于制酒，从而各取所长利于酿酒；其次是创立了饭、曲、水分三次投入的三投法，这个方法比起以往仅仅用蒸米分批投入的方法更为科学，有利于充分发挥酒糟复合式发酵的优越性；最后是明确规定了低温制酒的技术管理，要求酿酒原料和水都需要在低温的时候再投放，这有利于以低温的条件抑制其他杂菌，从而促进酵母的培养。

《东坡酒经》独创的三投法对日本著名的清酒的生产工艺产生了重要的影响，这也反映了其酿酒工艺技术的成熟和发展。作为宋代酒文化的珍贵史料，《东坡酒经》也可以算得上是当代东方酿造技术的一个先驱。

龙岩沉缸酒

福建的龙岩沉缸酒是一种甜型黄酒，17 世纪末叶就有酿造，历史十分悠久。因为在酿造过程中，酒醪必须经过“三沉三浮”，最后沉落缸底，所以称为沉缸酒。所谓的“三沉三浮”，“沉”就是酒精发酵因加入烧酒受到抑制进而停止，没有二氧化碳气泡故使其沉下的现象；“浮”则是酒精发酵旺盛，产生的大量二氧化碳气泡不断上冒将酒醪浮起的现象。因而加酒后不沉或沉浮不到三次，就说明其含糖量不够，质量不佳。

3-1-5

龙岩沉缸酒

关于龙岩沉缸酒的起源，有这么一个流传最广的传说。据说在明末清初（约 17 世纪）的时候，在离龙岩县城 30 余里的小池圩，是当时一个热闹的集市。有一年，从上杭白沙这个地方来了一位酿酒师傅，叫五老倌。他发现小池的山泉非常甜美，水质很适合酿酒，而且这附近还生产品质优良的糯米，所以五老倌就在小池这里安家住了下来，开了一个小酿坊酿酒。刚开始的时候，五老倌是按照传统的技术来生产糯米甜酒（冬酒）的，也就是在秋末冬初的时候，把糯米和药酒制成酒醅（即酿成而未滤的酒），放在缸里埋藏三年以后再取出饮用。但是，五老倌的客人都纷纷向他反映，说他的酒虽然醇厚味甜，但是酒度不高，酒劲不足。

于是，五老倌尝试着对自己酿的酒进行了改进，他在酒醅中加入了酒度较高(约 20 度)的米烧酒，压榨后得酒，人们称这种酒为“老酒”。这样一来，老酒的酒度高了，但甜味却仍然保持着，因而品质上升了一个档次。后来经过进一步摸索，五老倌又在酒中加入了约 50 度的高度米烧酒，使老酒陈化、增香后就形成了今天的“沉缸酒”。

丹阳封缸酒

江苏的丹阳封缸酒是江南名酒之一，以丹阳当地盛产的优质糯米为原料所酿造。这种糯米颗粒饱满，具有黏性，易糖化，因而发酵后糖分高，且出酒率高，糟粕少，非常适合生产糖度高的甜型黄酒。

史籍中关于丹阳美酒的记载有很多。关于“封缸酒”的名称由来，有这么一个故事，讲的是古时丹阳城有一家小作坊，父子及儿媳三人靠制酒为生。有一年，他们采用新法精心酿制了一批不同于别家作坊的酒来，存于缸内。可能是新酒度数高，商贩前来买酒，一尝味，感觉酒太凶，难以入口，一连几家商贩都摇头而去，不买他家的酒。父子和儿媳看着酒卖不出去，叹息不止，无奈之下便将酒加盖涂泥存入缸内。第二年他们仍按之前的老方法制酒营生。

3-1-6

丹阳封缸酒

不料，几年后入夏，城内商家缺酒应市。有人想起数年前那家未能卖出的酒来，不知是否还有多余的酒留在家中，于是几个商贩一同上门来探访。然而那家作坊的老父亲思想保守，怕人笑他愚拙，不想再把那酒拿出来现世丢丑，有损作坊声誉，硬推说没有酒。媳妇心灵手巧，说道："坊内还有一些陈年酒在缸里，如诸位需要，拿来尝一尝也未尚不可。"便领众商家到坊内看酒，没想到去泥揭盖后，顿时酒香飘逸，芬芳扑鼻。未等滴酒入口，众人一叠连声齐称"好酒！好酒！"接着众人连忙打听这酒的来源和酿造方法，媳妇暗自好笑，随口答道："封缸的酒。"自此，这家封缸酒也就由此得名，慢慢流传下来。

在《北史》中曾记载，北魏孝文帝有一年发兵南朝，他委任刘藻为大将军。在发兵那天，孝文帝亲自给刘藻送行。到了洛水之南，孝文帝说："暂别了，我们在石头城相见吧！"刘藻回答说："我的才能虽然不及古人，但我想我一定会打败敌人，希望陛下到江南去，我们用曲阿酒来接待大家。"曲阿就是丹阳，可见当时的丹阳酒已是人们向往的名酒。

红曲的源流

红曲是中国先民在长期制曲过程中的伟大发明，是一项了不起的技术创新。红曲，又称丹曲，是一种经过发酵得到的透心红的大米。它不仅可用于酿酒以及食物调味，又是天然的食品染色剂，而且有医疗作用，可消食活血、治疗腹泻。红曲的生产工艺最早见于唐末宋初。

3-2-1
红曲

关于红曲的源流有一个传说，据说在很久以前的一个太平年代，人们丰衣足食、安居乐业。当时福建有个地方叫碧溪，在碧溪两岸的山上居住着善良勤劳的人们。有一位教书的秀才喜欢游山玩水，他经常带着妻子为他准备的饭囊登山探险。一次，他上山时采到许多味美的野果，填饱了肚子后，却将饭囊遗忘在一个向阳的山洞里。几个月后，秀才再去攀崖，见到自己遗漏的饭囊，拿起来一看，米饭变得微红，不但没有发霉，而且散发着一股浓浓的从来没有闻过的香味。他很高兴，将这个饭囊带回家，聪慧的妻子也很惊奇。她善于做馒头，从面粉的发酵想到米饭的发酵，便产生了一个试验的念头。

于是，秀才的妻子就蒸了一桶米饭、烧了一锅水，凉了以后倒入缸中，再将那个饭囊里的米饭均匀地拌入其中，将其密封。果然，缸中的米饭开始发酵，颜色逐渐变红，一股香气扑鼻而来，一个月后就能舀出清红透亮的红酒来。夫妻俩经过半辈子的精心研究，就这样发明了制造红曲、红酒以及米酒的原始技术，并传给了后代。如此代代相传，人们便喝上了红酒和米酒，也懂得了红曲的制作方法和药用价值，丰富了民间酒文化。

红曲酒的传说

红曲虽具有一定的糖化和发酵能力，却无法单独产出高浓度酒，因此制备红曲酒时就另加曲来弥补其不足，这是红曲酒酿造工艺的最大特点。红曲酒的鲜红色泽在经过一定的贮存后逐渐退色，最后变为琥珀色，加上其独特风味，因此从古到今一直保持着强劲的生产势头。尤其在 20 世纪 60 年代末，由于生产技术的改进，用籼米生产红曲酒的出酒率高于黄酒的出酒率，扩大了红曲酒的生产地区。

3-2-2

红曲酒

红曲酒的起源还有一个传说。有一天，妻子煮米饭煮多了，就将没吃完的米饭盛在钵子里，放在碗柜角落，但却忘记了。几天后饭坏了，呈淡红色，表面长出一层白毛，并发酵散发出一股酒味。妻子发现后对丈夫说："哎呀！饭坏了，不能要了。"丈夫走近一看，并嗅了一阵说："很香的，别倒掉，可能也会变成酒咧。"于是叫妻子把饭中的白毛用清水洗掉，再装入钵中。过了几天，饭又发酵了，红的颜色加深了一些，酒味更浓了。又过了几天，他发现饭的红颜色更加深了，饭粒变空了，钵底部有许多淡红色的水。于是他便将这水倒到碗中，尝了一下发现像酒一样，很好喝，于是就大口地喝了起来。妻子接过碗也尝了一口："呀！真的变成酒咧！"从此夫妻俩就用这种简易方法酿淡红色的酒，红曲酒就这样产生了。

古籍中红曲酒的生产工艺

关于古代红曲酒生产工艺，有《事林广记》中的东阳酝法，《居家必用事类全集》中的天台红酒方以及《易牙遗意》中的建昌红酒法。[1]

首先，《事林广记》中的东阳酝法，其实质是以红曲为辅，主要用东阳酒曲为糖化剂及发酵剂。这里的东阳酒指的是浙江金华所产的金华酒。东阳酒的酿造有两点诀窍，一是水质得天独厚，二是造曲时加入蓼汁（蓼，指红蓼，江浙一带通产，并作为曲药使用），借以增强发酵力。东阳酝法的工艺从东阳曲的制作，一直到炊米、摊冷、入缸、加曲、上榨、收酒、煮酒等，都有严格的程序，各个步骤紧密相连，融为一体。在酿制过程中，注重气温变化、酿期短长和酒醅成熟的程度，并格外讲究操作的谨慎性和酿具的清洁。

其次，《居家必用事类全集》中的天台红酒方，也是以酒曲作为糖化剂及发酵剂的。虽也用少量糯米煮熟作粥浸米，但仅一至两个晚上的时间，酸度也不会太高，且用温水浸红曲，以强化红曲的活力。天台红酒方的工艺需经过数十道工序，从浸米、蒸饭、摊冷，再到以红曲、糯米和水配比拌药，接着将所有原料入缸翻拌，经发酵、压榨后产生头酒。利用酒糟和糯米与水煮的粥拌匀，接着发酵和压榨，又能进一步产生二酒。

① 包启安，周嘉华．中国传统工艺全集：酿造 [M]．郑州：大象出版社，2007：107．

第三，《易牙遗意》中的建昌红酒，采取宋代盛行的酸浆法，生产出乳酸发酵的酸米和酸浆。其主要目的是利用乳酸发酵所产生的乳酸来控制杂菌，并利用乳酸提高发酵醪的酸度，促进红曲霉及酵母的增殖。由于二十多天的乳酸发酵，浸米成酸米，蒸熟同样也起到提高酸度的作用。建昌红酒的酿造，一方面，要用浸米酸浆约八斗煮沸，放冷，与槌碎白曲三斤、酵母两碗做成酒母，促进酒精发酵。另一方面，这一工艺是以白曲为糖化剂，最后将红曲、白曲以及发酵剂与蒸熟的酸米饭拌匀，入缸发酵，打耙而成酒。

3-2-3

红曲酒生产工艺

果酒生产工艺

中国的果露酒

果酒是以水果或果汁为主要原料而酿造出来的原汁发酵酒的统称。据古籍记载，我国先民曾酿制过枣酒、甘蔗酒、荔枝酒、黄柑酒、椰子酒、梨酒、石榴酒等。[1]

以黄柑酒为例，宋代大文豪苏轼有一次上门拜访好友赵德麟，赵德麟的伯父安定郡王家正好酿有黄柑酒，于是，他便将这黄柑酒用来招待苏轼。苏轼品尝过后，赞不绝口，为此还专门赋诗一首，毫不吝啬对黄柑酒的赞美，甚至认为这黄柑酒赛过当时的葡萄酒。只可惜苏轼当时仅仅是品尝，而没有亲自酿制，因而他不知道黄柑酒的酿制方法，也就没有记录下来。又比如椰子酒，南宋初年的抗金名将李纲，因遭人诬陷而被流放海南。在海南时，他有一次饮了当地的椰子酒，发现口味极为鲜美，便撰文对当地的椰子酒进行赞美与介绍。由李纲的介绍可知，当时酿造椰子酒不需要曲蘖，而是采用自然发酵的方法。

到了明代，各地已呈现出百果齐酿的局面，但由于黄酒盛产，且可用于酿酒的水果品种少、产量低，果酒在市场上总体仍然显得比较罕见。

① 包启安，周嘉华．中国传统工艺全集：酿造 [M]. 郑州：大象出版社，2007：146.

3-3-1

青梅酒

说明 古人喜青梅酒，以宋人为甚。晏殊《诉衷情·青梅煮酒斗时新》曰：青梅煮酒斗时新。陆游《春晚杂兴》曰：青梅荐煮酒，绿树变鸣禽。范成大《四时田园杂兴十二绝》曰：郭裏人家拜扫回，新开醪酒荐青梅。

露酒，是用酒和花木香草或共同发酵而得的酿造酒。在医食同源的思想影响下，我国古代的先民不仅采用部分果品酿酒，还常采撷某些植物的花、叶甚至根茎配入粮食中同酿，制成各种独特风味的露酒。由于本草学的发展，露酒的配置生产，是人们通过某些药材香料来改善谷物酒的风味，甚至达到强身健体效用的一种尝试。先秦时期的鬯就是最早的露酒，是用黑黍为原料添加了郁金香共同酿成的。

汉代张华在《博物志》里说：在一个霜寒雾起的早晨，有三个长途跋涉之人。第一个人因食品和饮料都没有了，最先被饿死；第二个人只剩一点食物，因变幻莫测的天气而得病，也死了；第三个人因带有充足的酒，路上平安无事。这个故事情节凸显的是酒重要作用，酒既是粮又是药。在古代，许多露酒都被看作是药酒，而按现在的药酒定义，露酒与药酒还是有着严格的界限。只有明确的医疗效果的配制露酒（经过严格的临床检验）才算作药酒，而那些只是一般滋补营养或改善体力的露酒只能称作滋补健身酒。在中国历史上名气较大的露酒有桂花酒、菊花酒、竹叶酒等。除此之外，古籍中还记载了椰花酒、菖蒲酒、蔷薇酒等众多以花、叶、根为香料的露酒。

3-3-2

菊花酒

葡萄美酒夜光杯

葡萄酒作为一种果酒，是以葡萄为原料发酵而成。即使在今天，葡萄酒这一酒类也是家喻户晓的，但人们总会有这样的错觉，认为葡萄酒是近代引进的舶来品。实际上，我国先民很早就掌握了葡萄的栽培和葡萄酒的酿造技术。在我国，葡萄属的野生葡萄分布在大江南北，由于葡萄能自然发酵成酒，所以人们采集它并酿成酒并不是件复杂的事。只是由于葡萄品种等问题，当时酿出的酒似乎味道不太好，因而未受到欢迎和重视。

西汉时期，由于张骞等人的努力，西域的良种葡萄和优质葡萄酒的酿造技术得以传播到了我国的中原地区。物以稀为贵，当时的葡萄酒仅仅是皇亲国戚、达官贵人能享用到的珍品。在汉武帝的上林苑就把葡萄列为奇珍异果，收获的葡萄作为珍品供皇家享用。同时，葡萄酒还是非常昂贵的礼品，传说在汉朝，陕西扶风一个叫孟伯良的富人，用葡萄酒贿赂宦官张让，当即被任命为凉州刺史。凉州刺史是西汉第一大刺史，用葡萄酒便买了这么大的官，可见此酒的珍贵和魅力。

唐朝是葡萄酒酿造最辉煌的年代，唐太宗李世民就是一个葡萄酒爱好者，他在征讨高昌（今吐鲁番）后得马乳葡萄，并得其酒法，于是下令带回中原推广。太宗还亲自在御苑种植葡萄，并参与酿酒，赐给群臣。在太宗的影响下，大臣们也纷纷效仿酿造葡萄酒，当时葡萄酒一度风行全城。随后，葡萄酒不再是皇宫贵族的特供品，逐渐从宫廷走向了民间。老百姓也把种植葡萄、酿造葡萄酒、喝葡萄酒，当做是一件很自豪的事情了。文人雅士也钟爱葡萄酒，王翰《凉州词》的"葡萄美酒夜光杯，欲饮琵琶马上催。醉卧沙场君莫笑，古来征战几人回？"刘禹锡《葡萄歌》的"我本是晋人，种此如种玉，酿之成美酒，尽日饮不足。"还有李白《对酒》的"葡萄酒，金叵罗，吴姬十五细马驮……"等无不彰显着文人们对葡萄酒的赞美。

白酒生产工艺概述

白酒是当代中国人对蒸馏酒的俗称，主要特征是在生产过程中必须经过蒸馏工序才能取得最终产品。依据生产工艺，可分为液态发酵白酒、半液态发酵白酒、固态发酵白酒三类。中国白酒名目繁多，酿造工艺五花八门，但其技术路线和主要工序则是大同小异。

中国蒸馏酒的源起，由于对史料的不同理解，有几种观点：汉代说、唐代说、宋代说和元代说。业界一般认同明代医药学家李时珍的元代说，《本草纲目》中写道：“烧酒，非古法也，自元时始创其法，用浓酒和糟入甑，蒸令其上，用器承取滴露。凡酸坏之酒，皆可蒸烧。”元代至正四年（1344 年），朱德润《轧赖机酒赋》序称：“至正甲申冬，推官冯时可惠以轧赖机酒，命什赋之，盖译语谓重酿酒也。”赋中介绍的轧赖机应是烧酒，作者认为它属于重酿酒，色如酎，即酒度较高。从赋中介绍的酿器和工艺看，可以确认轧赖机是一种蒸馏酒。

探讨蒸馏酒的源起，除了对文献资料进行认真的研究考证外，还应对古代蒸馏技术和蒸酒器的发展进行必要的考察。夏商时期，随着陶器的发明和发展，炊煮法逐步取代了烧烤法。而陶甑的出现意味着先秦时代的人们开始又掌握了一种新的烹饪方式——炊蒸法。

3-4-1

夏商时期的陶甗

上海博物馆所藏东汉时期的青铜蒸馏器是国内目前已知的最早的蒸馏器实物，其基本形式与汉代的釜甑相似，但有一些特殊部件。

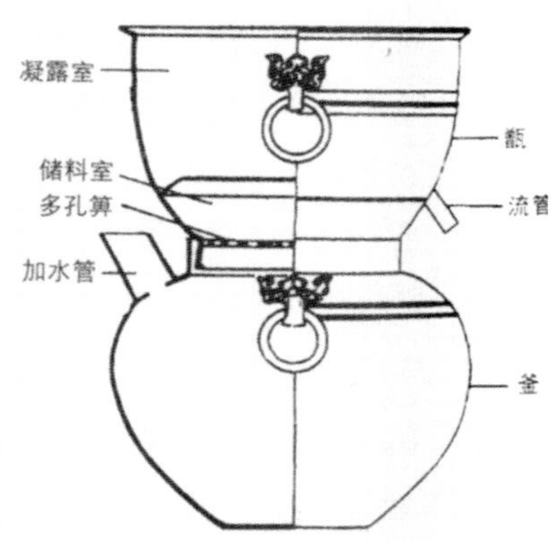

3-4-2

东汉青铜蒸馏器及其结构

1975 年在河北省青龙县西山嘴村金代遗址中出土了一具青铜蒸馏器，由上下两个分体叠合组成。根据其构造，可以推测其使用时的操作方法可能有两种：一是直接蒸煮，二是加箅蒸烧，都可以收集到蒸馏液。

3-4-3

金代青铜蒸馏器

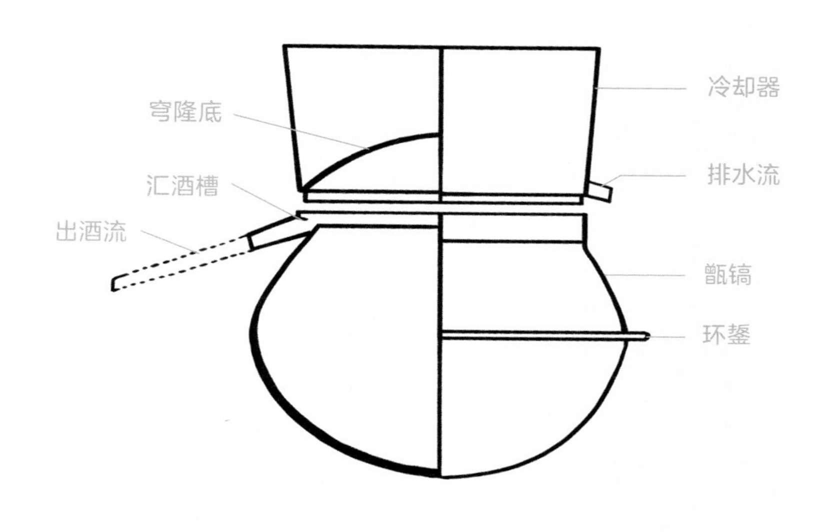

3-4-4

金代青铜蒸馏器结构图

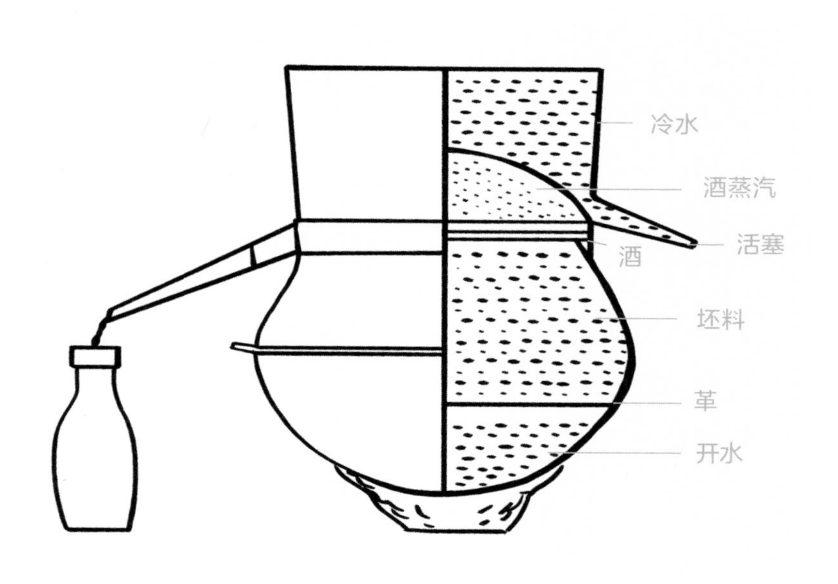

3-4-5

金代蒸酒流程示意图

茅台酒

茅台酒是选用良种小麦来制造无药高温大曲，以优质高粱作酯来酿造的。具有特殊酱香口感的茅台酒，在清代已成为贵州的酒品状元。它有着悠久的历史，产于我国贵州省仁怀县西赤水河畔的茅台镇，因地得名。同时，茅台酒还有“祖国之光”、“祖国瑰宝”之称，被很多人誉为外交酒、友谊酒。

传说，有一年，茅台村下了一场大雪。在风雪中，只见一个衣衫褴褛的姑娘蓬头赤足，手里拄着一根木棍，向茅台村走来。在一间茅屋檐下，她停住了。屋里一个白胡子老头正在用篾条箍酒甑。姑娘便迎了上去：“老人家，行行好。”老头抬起头来，见一个穿得破破烂烂的姑娘立在门口，怪可怜的，便让姑娘赶快进屋，坐在火边取暖。然后把家里剩下的一点酒倒出来，盛在碗里递给姑娘喝，姑娘也不推辞，接过酒一饮而尽，连声赞叹：“好酒！好酒！”过了一会儿，姑娘站起身来，做出要走的样子。他的老伴看这姑娘无处可去，便连忙上前来挽留她在自家歇一晚。

入睡后，老头恍惚间看见一个仙女，头带五凤朝阳挂珠冠，身穿缕金盲蝶花绸袄，下着翡翠装饰百褶裙，脖上挂着赤金项链，肩披两条大红飘带，袅袅婷婷，立于五彩霞光中。只见她手捧夜光杯，将杯里的琼浆玉液向着茅台村一洒，顿时出现了一条清清的溪流，从半山腰直泻而下，注入赤水河中。随即，老头的耳边响起了一个熟悉的声音：“你们以后就用这条小溪的水酿酒吧！”白胡子老头一惊，睁开眼，已是天亮了。这时，他老伴也起床了，向他讲述了自己做的梦，结果和老头梦见的一模一样。紧接着，老头发现昨天的姑娘也不见了，门却关得好好的。老头忙打开门一看，只见村边出现了一条清澈的溪流。老头赶紧去溪边打了点水用来酿酒，酒酿出来一品尝，色香味俱佳，真是回味无穷。

3-4-6

茅台酒

从此，茅台村的人们就用这条溪流的水酿酒。后来，茅台村的人们为了怀念这位“仙女”，便将“仙女捧杯”作为茅台酒的注册商标，并特意在瓶颈上系两条红绸带子，以象征仙女披在肩上的那两条红飘带。

古井贡酒

古井贡酒以当地优质高粱为原料，用大麦、豌豆、小麦制成中温大曲酿制，是明清时期的贡酒。古井贡酒产于安徽省亳州减店集。据说亳州地方多盐碱，水味苦涩，唯独减店集一带井水清澈甜美，这一井水显然是保证酿酒的物质条件。在古井酒厂里就有一口古井，迄今已近 1500 年。这口井中的水属中性，矿物质含量极其丰富，是理想的酿酒用水。即使在干旱的春天，它仍像泉水一样突突冒涌，终年不竭，古井贡酒因此得名。

传说，过去在亳州这一带没有井，人们煮饭烧汤用水，都是从河塘里取，河水浑浊不清，其味不佳。这里住着一户人家，李婆婆和她的独生女个锦。个锦姑娘长得非常美，可惜眼睛看不见。李婆婆为她东求医，西买药，就是治不好，娘俩儿心里像压了块大石头。有一天，个锦忽然听到门外扑通一声，李婆婆出门一看，有个病得很厉害的瘸和尚跌倒在门口。于是母女俩赶紧把这和尚扶进屋里照顾，还把不多的积蓄都用来帮这个和尚看病买药了。和尚的病逐渐好了，临走时，为了感谢母女俩，和尚就背了一个镢头在李婆婆家的后园掘了一口井，然后说：“我无以为报，这口井就给你俩用来取水酿酒，靠卖酒维持生活吧！”母女俩发现打出的井水水质清澈透明，饮之微甜爽口。于是就用井水来酿酒，果然酒味浓醇，香气沁人。

3-4-7

古井贡酒

从此，李婆婆酿酒，个锦卖酒。个锦因为卖酒，不愁日后生计，心情不像往日那样愁闷，加之饮了古井之水，请了医生医治，眼睛也逐渐能看见了。李婆婆见女儿眼睛亮了，心里高兴，说：“女儿啊，感谢这古井水，治好你的眼睛，我们一家不能独吞。”于是母女俩就用酒钱在古井上盖了八角飞檐、四根赤柱的亭子。然后，招呼全村的人都来取水酿酒。村里人都把这叫作“公兴槽坊”。这样“公兴槽坊”便流传了下来，明代万历年间，从这酿的酒又因向皇帝进贡而更加兴旺起来，古井贡酒也就因此得名。今天的古井酒厂就是建立在“公兴槽坊”的旧址上。

泸州老窖

泸州老窖大曲酒作为浓香型中的典型，其技艺经历数百年的演进、积淀，形成了独特、高超的技艺水平，具有“浓香、醇和、味甜、回味长”的特色，而其之所以具以上风格，主要取决于“老窖”和独特的工艺。[1]

泸酒之美，在于老窖。据资料统计，现存且仍在使用的、百年以上的老窖池至少有 400 余口，其中明万历年间的老窖池现有 4 口，1996 年被国务院定为全国重点文物保护单位。窖泥正是每个窖池的精华所在，其分布在窖壁及底部，均为深褐色弹性黏土，形成了独特的微生物群，包括以已酸菌、丁酸菌为主的 400 余种窖泥微生物生态群系。这些不间断地在使用的泥窖，其泥中所含的微生物菌种，虽然历经生长繁殖、物质代谢、衰老死亡的往复过程，但它们始终不断地从粮糟中获得营养，菌群得到不停的驯化和富集，致使这些“千年老窖”性能越来越优良。

与“千年老窖”相匹配的是“万年母糟”。在续糟配料中，每轮发酵完成后，80% 左右的糟醅都作为母糟，投入新粮的拌和继续发酵，仅把增长出来的 20% 左右的糟醅在发酵后丢弃。犹如一杯水，每次倒掉 1/5，再把这杯水盛满，如此循环，这杯水中永远有其最原始的母本水存在。通过原始母本成分的积淀，“万年母糟”使酒质的香味成分越来越丰富。

每轮部分替换的“千年草”技艺，与千年老窖、万年母糟一样是酿造微生物菌群传承的重要途径。作为覆盖物的稻草，首先给新鲜曲坯接种当地所特有的微生物菌群，微生物在曲坯内生长繁殖后，又向稻草反馈微生物，周而复始地操作循环，制曲微生物菌系得到驯化和富集，这种“千年草”在提高曲药质量上就显得很重要了。

---

① 周嘉华．中国传统酿造：酒醋酱 [M]．贵阳：贵州民族出版社，2014：209.

在泸州古酒坊附近有醉翁洞和八仙洞两大自然山洞群，山洞内常年恒温恒湿，温度在20℃左右，湿度在80%左右，非常适宜放置陶缸贮酒。贮存中酒体内的化学变化可使某些优质的调味成分得以增加和积淀。因此山洞储酒也是提高和保证泸州老窖大曲酒质量的秘密之一。

1 小麦　2 润麦　3 拌料　4 踩坯　5 晾曲　6 安曲　7 培菌　8 翻曲　9 生香　10 储存　11 鉴评

3-4-8

泸州老窖传统制曲工艺流程

1 泸高粱

2 挖槽

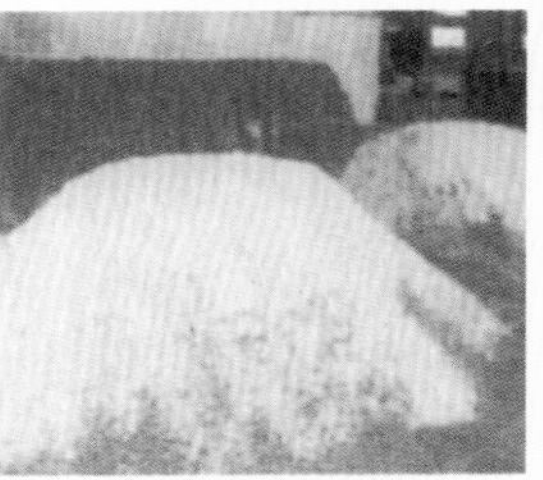

3 下粮

4 拌粮

5 上甑（蒸酒蒸粮）

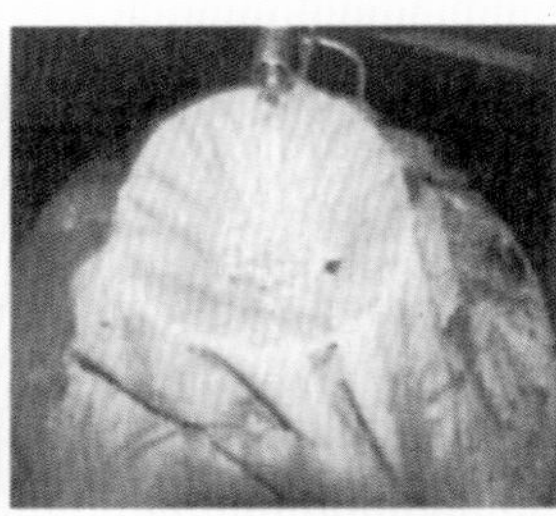

6 看花摘酒

7 出甑

8 打量水

9 摊凉

10 下曲（用脚踢手摸测试温度）

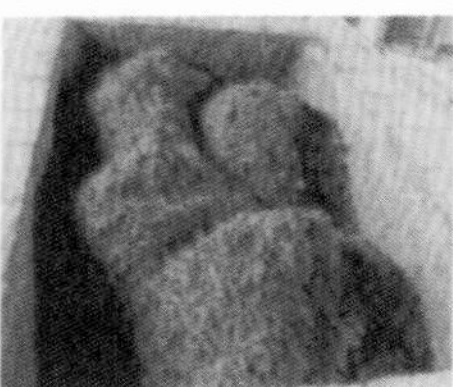

11 入窖

12 封窖

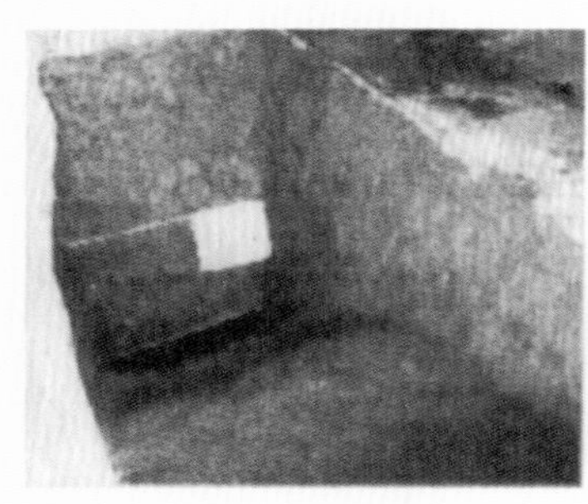

13 滴窖

14 起糟

15 堆糟

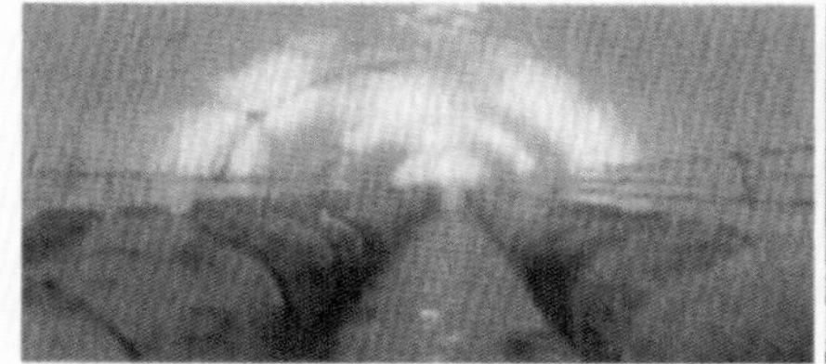

16 洞藏

17 尝评勾兑

18 包装成品

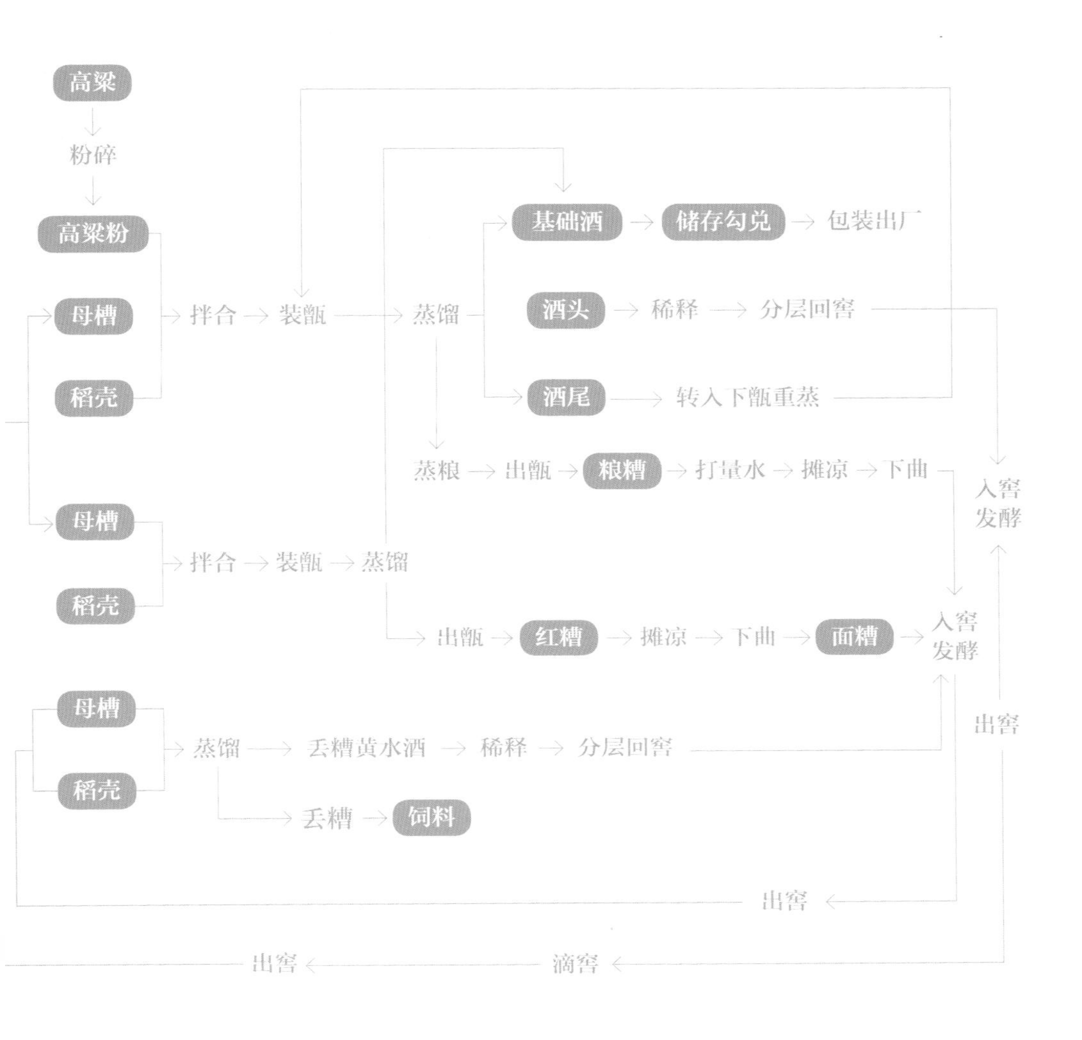

3-4-9

泸州老窖传统酿造工艺场景

第四章 制醋工艺

CHAPTER 4

制醋工艺的起源

酿醋中的曲

从制醋的工艺流程来看，酿醋必须先酿酒，而酿酒必先制曲。酿酒主要采用酒曲，酿醋用的曲与酿酒的曲略有不同。酿酒偏爱块曲，而酿醋喜好散曲，常用的黄衣曲就是从散曲中分化和筛选出来的。黄衣曲是一种发酵酿醋用的米曲霉，“黄衣”或为古人对培养米曲霉的最早描述，因为限于当时的科技水平，人们肉眼不能直接看到微小的霉菌，却可以看到所呈现出来的黄色，因而有此称呼。[1]

而关于米曲霉的培养，也就是黄衣曲的制备，在北魏农学家贾思勰的《齐民要术》中就有相关记述。其中可以看出，麦曲培养条件的控制在制曲过程中是很重要的。首先，强调制曲的季节在六月中旬。人们在长期实践中得知，春末夏初到仲秋季节是制曲的最佳时期。在这段时间里，环境的温度和湿度比较高，有利于曲的培养和条件的控制。而米曲霉的生长繁殖需要比较高的温度和湿度，农历六七月气温较高，湿度也较大，空气中霉菌、酵母等的数量也较多，选择这个时期制曲是比较合适的。

① 包启安，周嘉华．中国传统工艺全集：酿造 [M]．郑州：大象出版社，2007：237.

4-1-1

制曲场景

其次，所制备的曲的质量优劣，主要取决于曲入室后的培菌管理，曲室的温度、湿度和通风情况对于霉菌的生长繁殖是很关键的。在霉菌生长的初始阶段，曲要保温，而密封曲室防止透气，就起到了保温作用。草屋曲室较瓦屋好，不仅保温效果好，而且有自动调节湿度的作用，还可以避免产生冷凝水。制备黄衣曲的前一天要求在曲室的地上铺上一层薄薄的叶子，这样做也是起保温作用，便于霉菌的繁殖。七天后待霉菌生长遍结孢子后，便可取出，在阳光下曝晒干燥，以便保存备用。

另外，酸度的控制也是黄衣曲制备过程中的重要环节。将小麦或麦粉进行浸泡，让其进行乳酸发酵，使它们变酸。米曲霉的生长是耐酸性的，所以这样做就可以促进米曲霉的繁殖，从而抑制一部分不耐酸性的微生物，尤其是细菌的生长。

《齐民要术》中的制醋法

“醋”字在汉代以前，最初的含义是回敬、报答之意，到了汉代以后，“醋”字的含义逐渐转变而代表了食醋。醋，最初是少数人才能享用的贵重调味品，到了汉代以后，才慢慢成为人们日常生活中常用的调料。历史上翔实记载酿醋法的早期著作是贾思勰的《齐民要术》，这可以说是中国制醋工艺的起源所在，其中记载了二十多种制醋法。

在《齐民要术》中可以看到，制醋的原料包括了谷物小米、高粱、糯米、大麦、小麦及大豆、小豆等。以其中的“神酢法”为例，神酢法是利用麦麸为原料来制醋。由于麦麸中含有较多的淀粉，淀粉又能进一步分解产生糖类，在酿造醋的过程中不仅能使醋产生鲜艳的褐色，还能生成一些特殊的香气，因而用麦麸酿醋的方法一直为后世沿用。像今天在全国都很有名气的四川保宁醋就是这一传统工艺的产品代表。

4-1-2

制醋曲原料

神酢法的一般工艺流程：首先，制作醋曲。将大豆煮熟后，与面粉混合，加水调合成饼状，平铺，再用叶子盖上，使菌在饼上繁殖，最终形成一种黄色的曲，在古代这叫作“黄蒸”。其次，在农历七月七日的时候，用三斛（一斛是十斗）蒸熟的麸子加一斛黄蒸，放在洁净的陶瓮中，待两物接触发热，变得温暖的时候，把它们拌合起来，加水到恰好把它们淹没为止。然后，保温放置两天，压榨出其中的清液，放在大瓮中。经过两三天以后，瓮体就会热起来，要用冷水浇淋瓮的外壁，让它冷下来。这时液面上会有白沫（叫作“白醭”，就是一种在醋、酱油等表面长的白色的霉）泛起，要及时捞起撇掉，否则会使发酵液得不到充分的氧气，阻碍醋酸菌生长，进而导致醋难以制成。最后，等到满一个月后，“神醋”就成熟可食了。

4-1-3

传统制醋流程

1 制曲

2 拌槽

3 投粮

4 蒸头

5 淋醋

6 卖醋

食醋酿造工艺的成熟

唐代的制醋工艺

《四时纂要》记载了部分唐代的制醋工艺，其中的制醋用曲在《齐民要术》中被称作黄衣的米曲霉散曲和根霉饼曲基础上，于制曲用料方面创造出了新的品种——糙米和大麦，这可以说是制曲技术的进步。《四时纂要》中所记载的曲型制醋工艺有许多创新和进步，比如制曲和发酵都是以糙米为原料，是前代文献中所没有的。其中一些制醋工艺对新原料的处理方法也有所创新，采取了先炒后蒸的方法。炒米会使组织膨松，加强淀粉的糊化，并增加风味和色泽。[1]

---

① 包启安，周嘉华．中国传统工艺全集：酿造 [M]. 郑州：大象出版社，2007：121.

以《四时纂要》中的米醋法为例：首先，这一制醋工艺的制曲和发酵都是以糙米为原料。因为糙米在制曲时产热比较集中，且升温较高，制曲较难，这就要求对制曲的管理必须细致到位。其次，制作黄衣以及所用的米都要采用焙炒之后润水蒸熟的原料处理方法，这对产品风味及色泽艳丽有比较大的影响。最后，发酵时使用的饼曲，是炒熟的糙米粉碎以后，加苍耳汁，再踏成以根霉为主的饼曲，并使用炒熟的糙米制成以米曲霉为主的散曲。这种混合发酵能充分发挥二种曲的优势，进一步促进发酵，同时用曲量也比较小，斗米只用混合曲二斤。米醋法最终所制的醋营养成分丰富，色泽较深，风味也较浓郁。

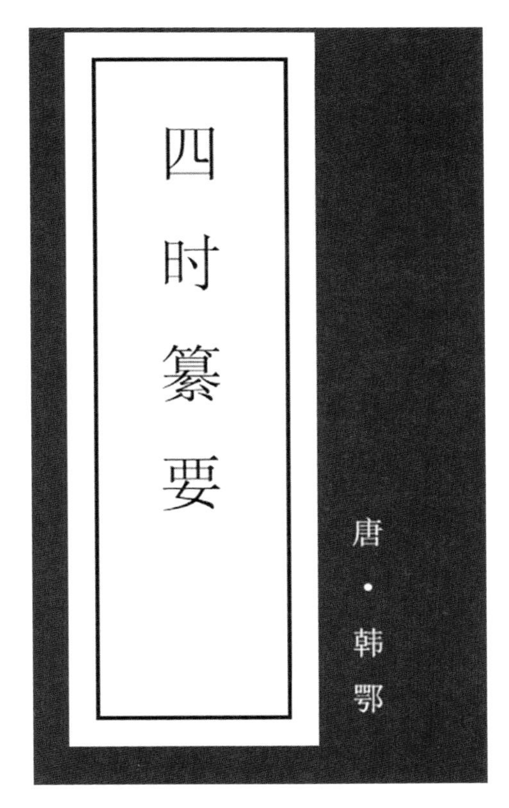

4-2-1

《四时纂要》· 书影

宋代的制醋工艺

宋代的制醋工艺从宋末陈元靓所编的《事林广记》中可窥一二。宋代酿酒用曲几乎全部改用生料，而制醋用曲的原料处理依然采用常用的蒸熟法，说明熟料比较适合于米曲霉的生长繁殖。比如，《事林广记》中的“麦黄醋法”就是将原料小麦全部蒸熟制成米曲霉散曲，进行浓醪复式发酵的制醋工艺。这是迄今为止，独一无二的全曲制醪发酵制醋工艺。[1]

另外，宋代使用白曲酿酒的工艺颇多，白曲主要是使用生白面制成的一种新根霉曲种。如《事林广记》中的“东阳曲酒方”，是由生白面和五叶等植物浸汁踏成的小片制成的新曲种，除其中所繁殖的根霉具有强大的糖化力和发酵力外，踏曲时所加植物浸汁也可以促进酵母生长。“饧稀醋法”和“造糟醋法”，就是利用这种曲所具备的强大糖化力和发酵力，来达到多产目的。前者是以饴糖为原料制成的糖稀醋，后者是以酒糟为原料经过全固态发酵法制成的酒糟醋，都是前代文献中所没有提及的。可见，宋代的制曲工艺取得不少进步，曲种也在增加。

① 包启安，周嘉华．中国传统工艺全集：酿造[M]．郑州：大象出版社，2007：123.

4-2-2

传统酿醋场景

元代的制醋工艺

元代的制醋技术由佚名氏《居家必用事类全集》、韩奕《易牙遗意》及元鲁明善《农桑衣食撮要》中的记载，可见一斑。元代的制醋工艺基本上已形成了用什么谷物制醋，就用什么谷物制米曲霉曲的规律。[①]

4-2-3

液态发酵制醋

例如《居家必用事类全集》中的“造三黄醋方”“造大麦醋法”，《农桑衣食撮要》中的“麦醋”（实际是大麦醋）及作老米醋等的制曲，分别是用大米及大麦制成米曲霉散曲。似乎大都使用单一米曲霉散曲而不用饼曲了，这也说明米曲霉散曲制备技术的进步。

此外，人们对醋的要求不仅局限于味酸，更要求含较多营养，味道醇厚。此外，还追求不同风味的食醋。《农桑衣食撮要》中的“作老醋”是以米曲霉为主，制作红曲醋的一例；还有《居家必用事类全集》中的“造麸醋法”是我国最早生产麸曲进行液态发酵制醋的工艺；《易牙遗意》中有继宋代之后使用白曲生产大米醋的记载，其中另一项记载“又法”是我国南方传统玫瑰米醋的酿造法，也是该醋的最早记载。这些都是创造出不同风格食醋的具体实践，尤其是传统玫瑰米醋的风味和色调别具一格，深为古今人们所喜爱。

① 包启安，周嘉华．中国传统工艺全集：酿造[M]．郑州：大象出版社，2007：125.

总的来看，元代制醋工艺的发展已经基本达到，或非常接近现代传统工艺的水平，关键差距还是制曲技术。明代记录食醋工艺较多的《养余月令》中，转载元代《居家必用事类全集》《农桑衣食撮要》的，占有相当比例，其他却没有什么特点，这正好是元代食醋工艺已很成熟的一个证明。

清代的制醋工艺

清代乾隆时期李化楠所作的《醒园录》，是李化楠宦游江浙一带搜集的饮食资料，其中关于制醋的部分一般制法不多，但大都具有特色。此外，清代章穆的《调疾饮食辨》，从当时中医角度概括了食醋的作用及用法，虽非生产技术，但其中谈到的“作法有蒸熟者，有用生米者”，说明可能在清朝就已经有了生料糖化制成醋的工艺生产。

以《醒园录》中的“极酸醋法”为例。古籍中以糖料和烧酒为制醋原料的记载不多，可见极酸醋法发酵技术独特性。具体来看，该工艺是用白曲及红曲来糖化粽子的糯米淀粉，培养酵母，制成酒母，而后陆续加乌糖及烧酒进行连续的醋酸发酵。

这一工艺的核心是连续投入乌糖酒液，其作用一方面是加乌糖进而促进酵母生长和酒精发酵，另一方面是醪液中的醋酸菌会将所加入的酒变成醋。只要添加的酒度不太高，对醋酸菌无抑制作用，酒就会变成醋。所以这种连续投乌糖酒液、连续进行醋酸发酵而成醋的工艺，可以说是现代发酵工业所用的流程工艺的先祖。醋醪的酸度过高，超过了酵母的耐性，使加入的糖不能转化为酒时，仍以糖的形态改进食醋的风味。

蒸
陈
酵
熏
淋

第五章 CHAPTER 5

制酱工艺

制酱工艺的发展

黄酱的制作技艺

黄酱，也就是豆面酱，是以大豆为主要原料，辅以面粉经发酵而成的酱类食品。北京炸酱面中的炸酱就是以黄酱为主料加工而成的。制作黄酱，要选好大豆和面粉。大豆需要颗粒饱满硕大，且色淡皮薄的新鲜豆，因为新鲜豆吸水率高，容易蒸煮，碳水化合物含量也高，保水性也好。而面粉则要求使用标准粉。

5-1-1

黄豆酱

以广州的狮岭黄豆酱为例，狮岭黄豆酱的传统制作技艺是广州出名的非物质文化遗产。黄豆酱，是将煲淋的黄豆与炒熟后磨碎的小麦、大米等充分混合发酵制成的传统调味酱，花都人称其为“面豉”。花都民间酿造面豉的风俗习惯从清代一直传承至今。尤其狮岭镇卢玉清家族产的黄豆酱，采用当年所产的优质黄豆、大米和小麦，以独特的自然发酵技术对原料进行发酵。同时坚持以山泉水作为制酱用水，保证产品独特的甘甜味。还坚持用自酿的高度白酒反复清洗酱缸，保证酱缸的卫生和残留酒味余香。

最终制成的豆酱色泽鲜亮、味鲜醇香，深受当地人的喜爱，在狮岭周边地区也有较大的影响力，并远销到美国、马来西亚、中国香港等地。狮岭传统黄豆酱制作工艺秉承了岭南制酱工艺的优秀传统和历史文化内涵，对于研究广东酱文化的历史演变、传统制酱的科学价值，丰富美食文化，助推农业经济发展都具有深远的历史和现实意义。

5-1-2

黄酱生产场景

《齐民要术》中的麦酱法

麦酱是古代最早的名称，后来又叫甜酱或面酱，现在多叫甜面酱。这类酱是以小麦或其粉制成的酱，经过制曲、发酵成浓醪状态。因所用原料主要是淀粉，蛋白质较少，因此做出酱的味道较甜，别具一格，色泽一般较豆酱要浅些。在酱类的发展过程中，麦酱虽不及豆酱产量大，但有逐步增加趋势，成为酱类中仅次于豆酱的一大类。尤其是到明清时期，关于麦酱的文献记载也越来越多。时至今日，以甜面酱这一商品名称，盛行于华北一带，是家庭用主要副食之一。因其风味独特，是烤鸭的主要调味料，故北京甜面酱久负盛名。

5-1-3

麦酱

《齐民要术》中所记载的麦酱法，就是利用炊熟整粒小麦制成的米曲霉散曲，投入煮熟小麦中进行发酵的。首先，取一石小麦浸泡一夜，再将麦子蒸熟后平摊，让其中的黄色霉菌充分繁殖。这一过程实际上就是制曲的过程，通过制曲，使得后面的发酵更为充分。其次，将一石六斗的水和三升的盐混合煮成咸汤，沉淀过后，取其中八升的盐水装进瓮中。最后，将之前制好的曲投入瓮中，与盐水搅拌均匀后，放在太阳底下晒十天，等麦酱熟就可以食用了。麦酱法中，用曲来促进小麦水解的这一工艺，是《齐民要术》中记载的一种典型的制酱工艺。

5-1-4

低温发酵缸（甜面酱）

天然发酵法的工艺特点是春季采黄子用以制曲，夏季开始制酱。其中，传统制酱采取日晒夜露发酵法，制曲时间长、劳动强度大，但成品风味更好。这是因为，采黄子的酶系较为复杂，参与发酵的微生物多则代谢产物也多；而发酵时间较长，更是产生非酶反应风味物质所必要的。但是，此法发酵时间长，资金周转慢，成本较高，现已改用纯种通风制曲法。

5-1-5

甜面酱生产场景

四川辣豆瓣酱的生产工艺

豆瓣酱以蚕豆（也称胡豆）为主要原料，故又称蚕豆酱。豆瓣酱据说原产于安徽，后转入四川。清代光绪时期曾懿所著的《中馈录》中就记载了她家乡四川辣豆瓣酱的生产工艺：首先，以大蚕豆用水泡至豆粒饱胀便捞起，磨壳剥瓣。用开水烫洗过后，捞起装在簸箕里。然后，薄而均匀地掺少许面粉，等蚕豆稍凉后，放进暗室，用稻草或芦席覆上。等七八天蚕豆生出黄霉后，就日晒夜露。最后，到七月底将蚕豆放入盐水罐中，日晒到红辣椒成熟时，将红辣椒剁碎搅拌放入罐中。经过两三天的晒露以后，用坛子贮存。在其中添加少量甜酒，可延长豆瓣酱存放的时间，放几年都不会坏。可以看出，四川辣豆瓣酱的这一制酱法，是以生蚕豆瓣加少量面粉为原料，通过先制曲后发酵的方法生产的。四川郫县豆瓣酱的生产便继承于这一传统工艺。

5-1-6

豆瓣酱

根据蚕豆在制曲前的状态，豆瓣酱工艺可分成生豆瓣酱和熟豆瓣酱两大类。前者主要是烹调用酱，因产地以四川为主，几乎全都是辣的。后者是佐餐用酱，四川辣豆瓣酱中以郫县产最有名气。

传统辣豆瓣自然发酵法有两种，一是密封发酵，二是日晒夜露法。[①] 郫县豆瓣采用的是后者，即将成曲放入配好盐水的缸内，再切入一定配比的鲜红辣椒，经过日晒夜露和定期翻醅。夏季投料者，要经过三伏天酷暑的日晒夜露，发酵至晚秋，约 6 个月即可成熟。郫县辣豆瓣呈红褐色，油润有光泽，辣香浓郁，味鲜辣，豆瓣酥脆，黏稠适度，因此享有盛誉。

5-1-7

拌盐水制醅中的豆瓣酱

① 包启安，周嘉华 . 中国传统工艺全集：酿造 [M]. 郑州：大象出版社，2007：281

《齐民要术》中肉酱的酿造工艺

《齐民要术》中的肉酱制作法是较为详细的最早记载，在其所记录的十几种制酱法当中，肉酱的酿造工艺也相对丰富。由此制成的多种类肉酱，也表明这是当时肉类加工食用和贮存的一种重要方式。在《齐民要术》中，肉酱的酿造工艺主要包括四种：第一种是“肉酱法”；第二种是“作卒成肉酱法”，这一记载是我国人工保温发酵的最早文献，也是世界上最早的保温发酵法；第三种是“作胏（zǐ）肉法”，这是带骨的块状肉制酱法；最后一种是“脠（shān）酱”，这是不用曲的一种调味酱。

5-1-8

肉酱

以肉酱法为例。这一工艺可用的原料有牛肉、羊肉、獐肉或兔肉等，且需要割取刚宰杀的新鲜肉，保证肉质的鲜嫩。同时要去掉肥肉，再剁得细碎一些，这一工艺要点对原料的分解程度和产品风味影响比较大，如若与肥肉混在一起，就会使酱变得油腻。与之相反，那些陈肉因为已经不再新鲜，失去了自我消化的能力，不利于进行原料的分解，因而要避免使用。在制酱的过程中，黄蒸（一种用以发酵的曲）的用曲量大也是一个要点，这也是为了进一步提高肉酱的品质。并且所用的曲末还要经过捣碎、过筛，使其能均匀地与肉接触，增加发挥作用的面积。此外，还要进行日晒，冷天还要用黍穰（ráng，指的是稻、麦等的秆）进行保温，在酱中再加一些鸡汁或好酒，稀释后再放到太阳底下晒一段时间，促使酱熟透。

5-1-9

古代“黄蒸”场景

说明

黄蒸：《本草纲目》曰：此乃以米、麦粉和罨，待其熏蒸成黄，故有诸名。又曰：女曲蒸麦饭T成，黄蒸磨米、麦粉罨成，稍有不同也。

唐代的制酱工艺

唐代，制酱技术相较以往更为成熟，《四时纂要》里就记载了一些典型的制酱工艺。其中，豆、面、原料同时参与制曲等的方法，能够充分利用微生物的霉解作用，同时也能提高原料利用率。唐代制酱用曲在继承《齐民要术》黄衣、神曲的基础上，开发出蒸豆与面粉制成的米曲霉曲散曲，在《四时纂要》中称作“面酱黄”，对后世影响很大。

一般而言，酿造豆酱的时节要选低温季节，也就是十二月及正月。《四时纂要》中也有夏季制酱的记载，即在六月制作的“十日酱”，此命名可能是采取速成之意，实际并非十天成熟。制曲法改为面粉裹豆黄，这样制曲容易，酶活性较高。在六月做成曲后，马上进行发酵，酶活性较贮存的黄蒸要高。此外，在六月气温高时进行制醪发酵，酶的作用温度高，分解迅速，所以这一工艺比起低温季节成熟得要快。可以说，这一技术开辟了夏季制酱之先河。

该工艺分为三个环节：**（1）制曲。**把蒸烂的豆黄拌上比豆黄量还多的面粉，再蒸，这已经不是用生面粉的工艺。再经冷却，发霉，制成米曲霉的散曲。然后晾干备用。这点与《齐民要术》中使用笨曲及黄蒸的方法不同，开创了使用蒸熟大豆及面粉曲料制备米曲霉散曲的先河，乃原料全部制曲的首例，也是史籍中较早制备调味酱的记载。**（2）制醪。**每斗酱黄用水一斗，其拌水量不算小，制出的酱醪呈浓醪状态，也就是今天稀黄酱的先祖。**（3）入瓮密封。**将酱黄及其他原料都密封入瓮中，七天后搅拌一下。之后再放入花椒包以及一斤熟冷油、十斤酒，十天左右就熟成了。

5-2-1

《大日本物产图会》中的制酱场景

5-2-2

培养中的豆瓣曲

5-2-3

古代制酱作坊

5-2-4

日晒夜露

说明　日晒夜露作为一种“慢酿”工艺，是对传统酿制技术的还原，在自然环境中充分发酵、酿晒、成熟，本质是“时间的沉淀”，可谓“道法自然，美味天成”。

元代的制酱工艺

元代酱的品种较多，除豆酱外，还有甜面酱、大麦酱、小豆酱、豌豆酱等。这一时期的酱曲已不再用散曲，而是全部改用米曲霉饼曲进行全曲发酵。大豆和面粉的原料处理方法也有所改进，大豆要经过焙炒、去皮、惹熟的工序。先焙炒的目的，主要是防止煮豆时蛋白质大量流失，同时还可以增加焙炒香气，这是一种先进的原料处理法。至于面粉的处理方法有两种：一种是仍然使用生面粉，如《居家必用事类全集》中的“生面酱方”、《农桑衣食撮要》中的“合酱法”；另一种，则是将面粉与炒熟的豆粉加开水，和成片状蒸熟、制曲，如《居家必用事类全集》中的“熟黄酱方”，其优点是可以作为调味酱直接食用。反之，“生黄酱方”因为面粉是生的，糖化不完全，不宜生吃。

以《农桑衣食撮要》中的“合酱法”为例，其工艺特点包括：（1）是用煮熟的大豆与生面粉搅和制曲，这是原料合并制曲的工艺。（2）原料处理还是用炒的方法处理大豆，去皮，煮熟，趁热和白面。混匀，摊在箬叶上，约二指厚，用楮叶或苍耳叶盖上，令米曲霉增殖。和以白面，不仅在原料配比上增加了淀粉原料，而且可以吸收煮豆所留的“浮水”。这种方法制曲较为容易，且能够避免细菌污染，是一项非常重要的改进。（3）制醪配料每用豆一石，加盐四十斤，加水二担。调整酱醪稠稀则别有他法，即用炒后白面放冷来调稠，用甘草和盐水煮汁来调稀，并加小茴香与茴香、香草、椒、葱等香辛料进行发酵。

清代的制酱工艺

清代的制酱工艺在李化楠的《醒园录》中有一定的体现。《醒园录》分为上下两卷，上卷主要是调味品的酿造及部分禽、肉、鱼的加工烹调方法。书中提到八种酱类，其中豆酱有两种，用不同淀粉原料制成，都是全部制曲的工艺。一种是以米粉或碎米代替面粉的豆酱，也可以说是米豆酱；而另一种则依然是面粉和大豆全部制曲工艺的面豆酱。由此看来，制酱工艺已改成原料全部制曲的工艺，而且相当成熟，和近代酿造工艺非常接近，有些地方颇有参考价值。以《醒园录》中米豆酱的制酱工艺为例。米豆酱就是以大米为原料制出的酱，因为制醅时使用西瓜，所以这也是一种西瓜酱的制法。在《醒园录》中还记载了用此酱改制豆豉的方法。

米豆酱的制酱工艺主要有以下内容：首先，将大米浸泡一定时间后，捞起，舂粉，进而筛好晒干。其次，将所需的黄豆清洗干净（一般十五斤的米面可以配一斗的黄豆），再入锅，下满水，用慢火煮一天，歇火后，焖盖一晚上。第二天早上连着汁水一起取出，放在大盆中，和入米面拌匀，用手揉捏，成块状铺排在草席上，再用草盖住，到发霉为止。在不少于七天、不超过十天的时候取出，摆开晒干，刷掉表面的黄毛，杵碎，再添入适量的盐及醋和匀，装进盆中。然后，每用一斤黄豆，则配好六斤西瓜。将西瓜削去清皮，架在装黄豆的盆上方，刮开取瓤，揉烂后连同西瓜子一道添入盆中。其余的白皮，也切成薄片，剁碎拌入盆中。最后，将盆敞口，放在太阳下暴晒，每天翻搅四五次，到四十天后就可以装入缸内取用。如果要用来下饭，可以等一个月后，另取一小缸的量，放入适量的姜丝。再加入杏仁，去掉皮尖，用豆油先煮透，拌匀以后晒十多天，收贮，就可以当淡豆豉食用。

发酵初期

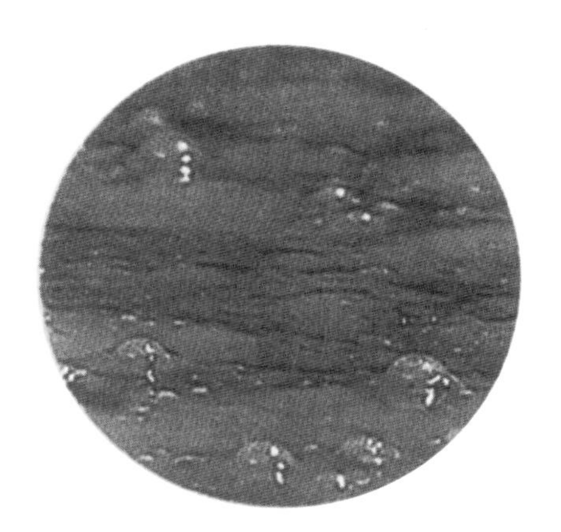

三个月

六个月

5-2-5

发酵过程中酱颜色与体态的变化

5-2-6

天然晒酱场

参考文献
Reference

[1] 张平真 . 中国酿造调味食品文化（酱油食醋篇）[M]. 北京：人民邮电出版社，2001.

[2] 胡本高 . 食品酿造学 [M]. 北京：中国商业出版社，1998.

[3] 赵述淼、葛向阳 . 酿造学 [M]. 北京：高等教育出版社，2018.

[4] 陆寿鹏 . 酿造工艺 [M]. 北京：高等教育出版社，2002.

[5] 韩珍琼 . 酿造食品加工技术 [M]. 成都：西南交通大学出版社，2009.

[6] 熊子书 . 中国名优白酒酿造与研究 [M]. 北京：中国轻工业出版社，1995.

[7] 余乾伟 . 传统白酒酿造技术 [M]. 北京：中国轻工业出版社，2017.

[8] 轻工业部科学研究设计院、北京轻工业学院 . 黄酒酿造 [M]. 北京：中国轻工业出版社，1960.

[9] 潘厚根 . 果酒酿造 [M]. 合肥：安徽科学技术出版社，1981.

结语

Epilogue

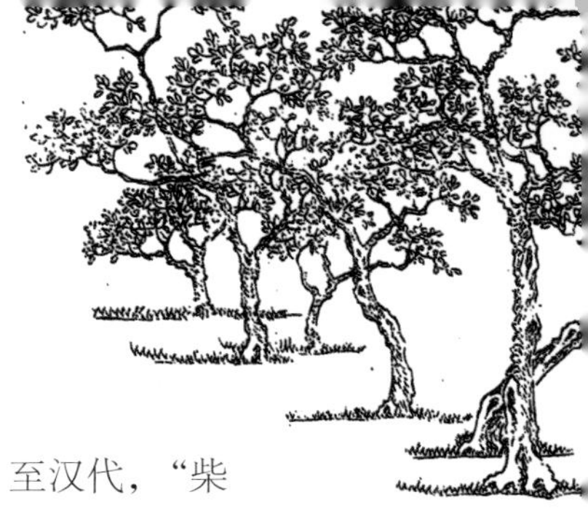

酱、醋、酒的规模化酿造可以追溯到春秋战国时期，至汉代，“柴米油盐酱醋茶”成为百姓“开门七件事”，迄今未变。作为最富“烟火气息”的传统技艺，酿造术兼具时空性、社会性和文化性，是中华饮食文化得以延续的命脉。酿造技艺的丰富内涵不仅体现在传统工艺与操作技能中，更在于其中蕴藏的技术哲学与文化意蕴；既充分展现了几千年来劳动者的群体画像和精神个性，也深刻体现了我国地域文化的多样性和色彩化。总之，酿造技艺不仅代表一个民族的精神内涵，而且也是民族文化认同不可或缺的组成部分。

在非遗保护框架下，与非遗“活态性”密切相关的“饮食”以及围绕饮食生产的物质、观念和制度等逐渐成为非遗保护的重点内容。作为一套符号象征体系，酿造文化的食材选取、制作工艺及相关实践，蕴含着不同历史时期特定群体的生态智慧与系统性社会配置机制，具有历史传承性和现代普适性，是中国饮食文化丰富多变、味型层次多样的典型例证。

保护非遗实质上是保护一种文化符号，延续一种生活态度，传承一种传统文化。在全球化、市场化背景下，生产工业化、消费快速化和生活休闲化遮蔽了传统酿造的工艺本色和文化内涵，使人们逐渐迷失了曾经的味觉记忆，从而忽略了内在的情感体验。在大力倡导非遗保护的当下，通过对酿造工艺的物质文化与象征体系进行梳理和考察，理解并传递其中包含的社会文化秩序与历史记忆特质，有助于在商业文化和非遗语境中寻求产业发展和文化传承的协调与平衡。